U0162634

基于动静态热释电红外探测网域的
入侵目标智能感知

杨卫 杨平 著

国防工业出版社
·北京·

内 容 简 介

民间重要区域的安防和国家军事重地的值守，都需要对入侵目标实时监测其方位和运动轨迹。本专著主要是探讨基于动静态热释电红外传感器（PIR）探测器组构成的探测网域/对入侵目标的智能感知理论和技术应用方法。研究的焦点就是如何迅速准确地探测出入侵目标的方位和运动轨迹。

本专著以研发的新型动静态 PIR 探测器组构成探测网域，经过实验验证，提出基于动静态 PIR 探测网域的入侵目标智能感知理论；提出 PIR 探测网域的布局优化和性能评价及协同感知理念；探索基于新型 PIR 探测网域的多种入侵目标定位技术方法和运动轨迹的智能分析；所展开的实验为所提出入侵目标智能感知理论和技术方法提供验证数据。

本书适合从事红外探测理论应用研究、新型智能探测网域研发、智能区域值守，以及大数据分析和人工智能应用的高校师生和技术研发人员参考，也适合其他行业有关自动化及智能装备的研发维护工程师和技术人员使用。

图书在版编目（CIP）数据

基于动静态热释电红外探测网域的入侵目标智能感知/杨卫，杨平著． —北京：国防工业出版社，2024.3
ISBN 978-7-118-13269-4

Ⅰ．①基⋯ Ⅱ．①杨⋯ ②杨⋯ Ⅲ．①热释光探测器–红外传感器–红外探测器–研究 Ⅳ．①TP732

中国国家版本馆 CIP 数据核字（2024）第 066911 号

※

*国防工业出版社*出版发行

（北京市海淀区紫竹院南路 23 号 邮政编码 100048）
三河市天利华印刷装订有限公司印刷
新华书店经售

*

开本 710×1000 1/16 插页 4 印张 14½ 字数 256 千字
2024 年 3 月第 1 版第 1 次印刷 印数 1—1500 册 定价 118.00 元

（本书如有印装错误，我社负责调换）

国防书店：（010）88540777 书店传真：（010）88540776
发行业务：（010）88540717 发行传真：（010）88540762

前　言

机器人群和人工智能联合开发与应用技术近年来取得了飞速发展，智能机器人群的应用领域正在不断扩展，研究热点可谓无处不在：从成千上万的无人机群的空中协同、同构机器人群协同踢足球到异构机器人群协同跨越障碍，从自动化生产线到海洋资源的探索乃至太空作业等领域，再到机器人群加人工智能的联合开发应用，研究课题举不胜举。然而，就目前的机器人技术水平而言，单体机器人在信息的获取、处理及控制能力等方面都很有限，对于复杂的工作任务及多变的工作环境，单体机器人的能力更显不足。于是人们考虑通过多机器人的协调与协作来完成单体机器人无法或难以完成的工作。本书就机器人群利用传感器阵列组成一个机器人群体感知网域，通过各个机器人群体协作来完成网域感知任务，这正符合群的概念。

利用功能相对较弱的热释电红外（PIR）传感器阵列群替代功能强大的图像设备等，既可降低成本又具有更强的并行性和稳健性。基于低成本 PIR 传感器阵列的机器人群网域感知规模的需求不断增大，使得网域感知系统传感器数量不断增多，机器人群网域感知系统如何处理包含大量区域、时空信息的海量数据对实现机器人群网域化自主感知至关重要。机器人群网域化态势感知理论的创新在于对所控面积内的整体态势的实时感知，而不是对所控面积内逐点的实时感知。这种机器人群网域感知理论的产生，源于动物行为学中的动物群体行为——鱼群"闪回"效应和人类在体育场中所玩的"人浪"行为效应；源于动物的复眼、电视墙、电视屏幕扫描原理、LED 构成的显示屏等对某一网域空间的某段时间内的某些事件的群体感知、表述的启发。在这些表述中有群体的相同一致性的表述、有群体的不相同视角的一致性表述、有群体不一致性的相同表述、有群体不一致性的不相同表述。上述种种表述，体现出的是机器人群网域化感知在传感器测量方面的独特优势。而网域化态势感知理论的优点在于把这种优势提升至战略角度。

网域感知理论由以下理论和技术作为基础：基于传统测试理论的最小测试单位；基于传统测绘理论的网域坐标系；基于无线网络的网域通信；基于 GPS 和电子罗盘的基准传递、授时，方位方向的确定。

借助于复眼感知原理，想象所有复眼的感知神经汇集眼底，若展开眼底成一平面并放大，那么就像我们人类创造的电视墙一样将显示出 N 个复眼中 N 个相同影像。我们认为，生物进化出复眼的目的不是仅像电视墙一样显示出 N 个相同影像，而是建立空间坐标体系，实时为出现在其空间坐标体系中的动态目标进行定位和轨迹预推；而复眼的 360°布局、复眼光锥角都是为定位定向而进化的。我们可以根据此原理建立出基于传统测试理论的最小测试单位：基于传感器阵列的动/静双坐标感知系统（单个复眼）。

我们将复眼理论展开、拓展、分离、扩大，将分布在一定面积的 N 个基于传感器阵列的动/静双坐标感知系统构成网域感知复眼群。经高度智能化的信息融合，体现出的必然是网域感知系统对所控面积内的整体态势的实时感知。复眼的眼底神经感知与分布式信息融合既有相似之处又有不同之处。需拓展研究的领域包括基于无线网络的网域通信、基于 GPS 和电子罗盘的基准传递、授时、分布式数据融合等。

机器人群网域感知技术不是由 N 个基于传感器阵列的动/静双坐标感知系统简单构成，而是由 3 或 4 个基于传感器阵列的动/静双坐标感知系统构成。首先，构成网域感知最小单元（如复眼）；然后，由 Z 个网域感知最小单元构成网域感知的硬件体系；最后，由网域化通信协议、网域化坐标系、（GPS、电子罗盘）PIR 网域化定位定向软件、声网域化定位定向软件、图像网域化定位定向软件、网域综合态势感知软件构成网域感知软件体系。

我们课题组近十年来得到了总装备部（现军委装备发展部）、国防科工局、火箭军多个预先研究项目的支持，对基于低成本 PIR 传感器阵列的机器人群网域感知做了大量前期研究工作：徐薇等研究了单 PIR 传感器阵列探测目标方法；鲜浩博士提出用红外透镜代替传统菲涅耳透镜；孙乔博士等提出动态使用 PIR 传感器实现二维感知；王泽兵博士对基于 PIR 粒子群算法跟踪动态目标开展研究；赵迪等探索利用动静传感器阵列推算目标轨迹；侯爽、卢云等进一步研究动静结合目标轨迹预测技术，为实现机器人群网域化自主感知奠定了基础。关于利用 PIR 进行入侵目标的探测和定位的问题，我们课题组已经研究了至少十年，并积累了多种角度的认识。这些认识可以说是五花八门、杂乱无章，甚至有的还互相矛盾，因此早就有了静下心来，把这些认识好好整理出来的想法，这正是编写本书的初衷。

本书中涉及的研究工作得到过多项科研项目（总装微电子预先研究项目 1 项；国防科工局预先研究重点项目 WLH、KYD、LQ、XT 共 4 项；火箭军预先研究项目 2 项；国家自然科学基金 4 项（60673176、60373014、50175056、59805009））资助。在此表示衷心的感谢！

本书的许多内容源自多位我们指导过的研究生，他们是（以参与研究的时间为序）：孙乔、于海洋、李波、王泽兵、刘云武、黄伟、刘前进、赵迪、侯爽、卢云。

杨卫、杨平

2023 年 5 月 5 日

目　录

第1章 绪 论

近年来，在军事领域及其民用领域，对重点区域内入侵目标的自动检测和目标运动状态自动感知方向的研究已成为热点。这是因为，科学技术的快速发展为自动探测和智能感知提供了更先进的技术手段；还因为大数据和人工智能技术兴起，使人们看到了无人值守超市、无人监护医院、无人值守工厂、无人值守农场、无人值守交通和无人值守战场等高科技梦幻场景的实现可能性。对重点区域内入侵目标的自动探测和运动状态的自动感知的科学技术研究中，最有推广应用潜力的技术之一就是热释电红外传感与智能感知技术。

热释电红外传感与智能感知技术所依赖的核心是热释电红外（pyroelectric Infrared，PIR）传感器。PIR 传感器优点鲜明，它体积小、重量轻、功耗低、操作安装简便、价格低、性能稳定、隐蔽性好、具有较好的抗干扰性能。PIR 传感器是一种非接触式的红外传感器，它对任何可发射红外射线的物体都有感知能力，所以用它可探测任何与背景相比较有热能辐射的目标。PIR 传感器能检测到波长为 $6 \sim 14 \mu m$ 的红外辐射。根据黑体理论，温度大于绝对零度的物体都能产生红外辐射，并且具有不同组成材料的各类物质向外辐射的红外能量及辐射方式也不相同[1]。人体及车辆等常见目标的红外辐射波长一般在 $8 \sim 12 \mu m$ 之间。因此，用 PIR 传感器可用于探测人、牲畜、车辆、装甲车等常见的有热辐射的实际物体目标。因为 PIR 探测是不接触的被动式探测，是一种非常隐蔽的探测，特别适用于医疗监护、安防和军事领域。特别在某些光亮条件较差或人员流动相对较少的特定场所，例如监狱的周界防护、博物馆设备区及走廊、私家车库、图书馆的阅览室、机场边缘的公用通道等，具有重要的无人值守监护应用价值。

依赖于 PIR 传感器发展起来的热释电红外探测技术已经在安防和军事领域得到广泛的应用。已经研制出了具有不同用途的 PIR 探测器，并已在各种不同需求场合中应用，如自动照明开关，自动开停的空调机、饮水机、电视机，车辆自动计数器，自动拍摄人和动物活动的摄像机或数码相机的前置驱动器，以及各种无人值守区域的监护报警器等。

然而，随着 PIR 探测器的研究深入，人们发现简单的 PIR 探测器还是有许多不如人意的地方。首先是用于探测目标有无并报警时的误报率较高；其次是不能探测目标的位置和运动状态。这是因为，用单个 PIR 传感器所能获得的探测信号是十分有限的，可探测最远距离只有 2m，可探测视场角最大到 45°。于是人们为提高 PIR 探测器的探测能力做出了多项改进。当在 PIR 传感器前加设了菲涅耳透镜,可以把 PIR 探测器的可探测最远距离提高到 12m,可探测视场角扩大到 136°。若是再加上特别设计的窄缝遮挡器,则使探测目标方位成为可能。若是将 PIR 传感器安置在一个自动转动的平台上,则可把探测视场角扩展到 360°;于是静态的 PIR 探测器就变成动态扫描探测器,即像雷达一样工作,可完全做到无盲区探测。若是布置多个 PIR 探测器,则可更进一步地提高对目标方位探测的准确度。用多个 PIR 探测器构成的 PIR 探测系统,突破了单个 PIR 传感器的探测局限,可以构成所谓的 PIR 网域探测系统,所能获得的目标探测信息要比用单个的 PIR 探测器丰富得多,从而使探测目标的运动状态也成为可能。

无论是单个 PIR 探测器,还是由多个 PIR 探测器组成的 PIR 网域探测系统,都需要智能分析技术的应用。特别是对于 PIR 网域探测系统,不用智能分析算法就得不到所需要的目标方位或目标状态的更深层次信息的探测结果。可以说,热释电红外传感技术和智能感知技术的紧密结合才是所需要发展的关键技术。这里所谓的"智能感知技术",是指能对单个 PIR 探测器或由多个 PIR 探测器组成的 PIR 网域探测系统采集的原始探测信息进行专业智能分析处理从而得出更深层次信息的信息技术。通过这个"智能感知技术"的应用,可以解决单个 PIR 探测器的探测报警误报率居高不下的问题,可以解决 PIR 网域探测系统的多信息融合处理难题以获得更详细、更准确的目标位置和运动状态信息,例如,目标的方位、目标的类别、目标的运动速度和方向,甚至判别出目标的运动状态(跑、走、跳)等。

在 PIR 传感与智能感知的研究中,以人体为探测目标的研究最热。人体是一个天然的热源,辐射率高达 0.98,与黑体辐射十分接近。在室内环境中人体的表面体温约为 32℃,通过维恩位移定律可计算出人体所辐射出来的红外线波长在 8～12μm 范围之内,属于中红外波段[2]。PIR 探测器使用了对波长在 10μm 左右的热辐射体非常敏感的热释电元件,而且为了只对人体的热辐射感应,尽量阻挡其他辐射的波段,同时还在 PIR 传感器感应窗口装上了特制的滤光片,从而抑制了环境中电磁波的干扰。PIR 传感器对人体散发出的波长为 8～14μm 的红外热量极为敏感,能有效地探测到人体的各种活动,不受夜晚、大雾等天气因素的影响。所以,用 PIR 探测是非常适合的。在民居安防领域,防盗监视是最典型的 PIR 探测应用[3-4]。在医疗监护领域,PIR 探测被用来监视病人的动作形态。

1.1 PIR 传感技术及应用研究

1.1.1 国外相关研究

早在 1978 年 S. T. Liu 等对 PIR 传感器基本原理及构成材料进行了研究[5],指出 PIR 传感器的性能由响应函数与噪声函数两者的比值决定。尽管热释电材料的温度相关性及压电效应限制了其应用，但由于 PIR 传感器不需要制冷，因此 PIR 传感器仍然是最有潜力的红外传感器，并且已经开始应用于红外辐射仪、红外分析仪、入侵探测及高能激光脉冲检测等领域。Akram 等对 PIR 传感器及其应用做了进一步的研究[6]，他们从 PIR 传感器的基本热力学模型着手，推导出传感器的电流、电压响应率，噪声、噪声等效能量及检测灵敏度等的表达式，对电流、电压的响应率与频率的相关性也进行了研究，这为 PIR 传感器的广泛应用奠定了基础。Vladimir 及其研究小组做了 PIR 传感器频率响应方面的研究[7-8]。到了 21 世纪，随着集成电路技术的飞速发展，对 PIR 传感器的特性及组成材料的研究更加深入，相关传感器及专用集成电路处理技术也发展迅速。国外研究人员对 PIR 传感器的研究开始转向采用更有效的材料和设计结构来提高其信噪比和检测率[9]。

国外有很多大公司对 PIR 探测器的研制和开发都非常重视，他们研制出了各种具有特色功能的智能 PIR 探测器。菲涅耳透镜的置入，可有效地降低 PIR 探测器的漏报误报率。智能 PIR 探测器的信号处理中也开始应用分类识别算法。例如，ADEMCO International、德国西门子、美国 SUREN 等公司生产的智能 PIR 探测器已具有较强的抗干扰能力和较低的误报漏报率。

20 世纪八九十年代，日本松下公司的人类环境系统研发中心就开始从事于 PIR 探测器的设计和改进研究，并将取得的成果产品化应用到智能化家居中，如对电视、电灯以及空调等开关的智能控制。1995 年，Yoshiike 等将特制的 PIR 探测系统用于检测室内人员的数量、位置和活动情况[10]。该系统由 PIR 传感器构成的垂直一维探测器阵列、红外透镜、水平扫描机械部件和机械斩波部件组成。该系统能检测 n-维温度分布（温度图像分辨率为 8×40 或 8×60），并采用模糊推理方法得到室内（$7m \times 7m$）人体信息。在人体个数统计实验中其准确率可达 90%，但是当在监控区域存在多个人体或当环境温度与人体皮肤温度非常接近时，统计结果的准确性就会大幅度下降。1997 年，该研究中心对 PIR 探测系统中的检测方法进行了改进，从而大幅度地提高了系统的性能，并将这一成果应用于门禁装置的人员流量统计功能中，正确率高达 98%[11]。该中心研发人员在 1998 年对原系统中的部分定位功能进行了扩展，利用多个传感器来提高所获得的人体位置信息获取率[12]。韩国釜山国立大学在 2006 年利用多个 PIR 探测器组成的阵列研制了室内人体定位系统；在每个房间屋顶都安装一组 PIR 探测器，同一组探测器中，各个探测器的探测区域需要一定的重叠；探测器首先按一定的周期检测室内的人体，其次通过家庭网络系统把传感器的信息传到室内终端，然后由终端融合每个房间所有探测器的信息得到室内人员的位置信息，最后再把此位置信息传给家用电器的控制端[13]。为了能够实时检测老年人在室内的运动以及身体健康状态，A. R. Kaushik 与 Sunita Ram 等把 PIR 探测器应用于室内人体辅助行动和人体健康状态检测中[14-15]。PIR 探测器不仅可用于近距离的人体检测研究，而且也适用于远距离移动热源的检测。波兰军事科技大学的研究员 M. Kastek 等研制了一种能够检测远距离热辐射源的 PIR 检测系统。该装置可以实现对距离 140m 处爬行或移动缓慢的人体的探测[16-17]。印度学者 Nithya 等在 2010 年利用 PIR 探测器研制了一个用于目标跟踪和定位的系统，该系统通过对既定目标的运动方向和速度的追踪实现定位[18]。

国外对 PIR 探测技术的研究早于国内几十年，在利用 PIR 探测器进行人体识别的研究也领先于国内。美国 Duke 大学是最先利用 PIR 信号进行人体识别研究的机构之一。利用多个 PIR 传感器进行感知区划分并进行区域编码，当目标出现在某个感知区时，对应传感器会发现目标并输出信号，将这些输出的信号进行二进制编码，从而获取目标所在区域的编码值，进行目标位置的确定。只要利用编码表，对应找出传感器号码及其物理坐标就可以实现简单的目标定位，是传统技术在具体应用中对动态目标提高感知的方法。但是该方法只实现了区域定位，而且定位精度低。2006 年，Fang 等研制了一套可调节监控范围的人体检测与识别系统[19]。在系统的算法设计中，首先利用傅里叶变换提取信号的频谱，并对频谱信号进行平滑处理，然后利用主成份分析（Principal Component Analysis，PCA）方法来提取频谱信号的主元特征，最后采用多元线性回归方法和概率分布函数进行分类识别。另外，在系统的硬件设计方面，利用阻断菲涅耳透镜窗口的方法来实现对 PIR 探测器监控范围的调整。Fang 在进一步的研究中把实现人体在随机路径运动中的识别作为新的目标，并借助隐马尔可夫模型（Hidden Markov Models，HMM）实现了在随机路径中运动目标的检测和识别[20]。然而，在有些场所由于空间或隐蔽性的限制，只能安装单只探测器进行检测识别。2007 年，Duke 大学的研究团队提出了利用单只 PIR 探测器进行实时人体识别的算法，该算法也是在频域中对 PIR 信号进行分析，同样利用主成分分析方法提取频谱信号的主元特征，再用最大似然主元回归算法实现不同人体的识别[21]。他们的研究还发现测试对象身着不同材质的衣服会得到不同的检测结果，所以建议后续的研究者使用多个 PIR 探测器阵列，全方位地采集人体表面信息等来进行人体检测和识别。2009 年，该小组成员 QiHao 又提出了基于贝叶斯定理的 PIR 传感器无线网络多人追踪和识别方法[22]。除了 Duke 大学进行研究，美国宾夕法尼亚州立大学研究团队也对 PIR 探测器进行了研究，在 2012 年 Xin Jin 等提出了基于 PIR 传感器和震动传感器进行目标检测和分类的研究，主要研究的对象是人体、小车以及马，利用小波变换的方法来提取目标信号的特征并进行分类识别[23]。

1.1.2　国内相关研究

在国内用 PIR 探测相关研究起步虽晚，但也取得了不少研究成果。

北京交通大学机电学院的程卫东等研究者，利用单只 PIR 探测器来研究人体的运动特征。通过采集不同测试对象以不同速度在监控区域运动所得到的 PIR 信号，再通过信号的频谱特征来分析人体运动特征，并采用主成分分析法对不同个体、不同速度的目标行进方式进行分类，在一定程度上实现了目标运动特征的识别[24]。

北京航空航天大学的肖佳等利用配备有多重反射光学装置的 PIR 传感器阵列接收目标的红外辐射能量，通过采集和分析 PIR 传感器输出的模拟信号的特征来提取目标的位置信息[25]。

清华大学的杨靖等利用表面安装有球形菲涅耳透镜的单只 PIR 传感器探测了一名受试者的动作形态信息，通过一种寻峰检测算法实现了对原地踏步与跳跃两种动作的识别[26]。

中山大学的申柏华研究小组采用递阶体系结构对菲涅耳透镜的视场（FOV）进行空间调制，将 3 个 PIR 节点呈三角形放置，各个子区域分配不同的位置编码，利用相邻的 3 个传感器节点得到的信息可协作定位人体的坐标信息；冯国栋等还提出了一种分层递阶结构的红外运动感知模型及基于 PIR 传感器的物理实现方法[27-29]。

重庆大学光电工程学院研究小组利用单只传感器探测人体相对传感器以不同路径和不同方向行走的热释电信号，提取频谱特征和短时傅里叶变换（Short Time Fourier Transform，STFT）能量特征，并利用相关分析（Canonical Correlation Analysis，CCA）进行特征融合，最后采用最小二乘支持向量机（Least Squares Support Vector Machine，LSSVM）进行分类识别，实现了对不同人不同行走方式的识别；还进行了人体与非人体（狗）的 PIR 信号特征提取的研究，提出了利用双密度双树复小波熵方法来提取信号的特征[27]，将得到的特征用支持向量机进行分类，识别率最高可达 93.6%[30-36]。

天津大学精密仪器与光电子工程学院的万柏坤教授等利用单只 PIR 探测器采集不同人体目标的红外信号，采用主元分析方法提取信号频谱的主元特征，然后将其送入支持向量机进行分类识别，其最高识别率为 85.38%[37-41]。

武汉理工大学的李博雅和李方敏等，针对基于 PIR 传感器的人体跟踪系统在实际环境中受环境噪声和硬件参数影响而误差较高的问题，提出了一种基于高精度人体目标跟踪方案。首先提取运动人体的探测信号特征，然后利用 PIR 传感器的定位节点、自身几何参数和探测数据进行初步定位，最后通过 Kalman 滤波算法更新目标的状态信息，实现对检测区域内人体目标的定位与跟踪[42-48]。

中北大学的研究团队对基于 PIR 阵列的目标定位技术进行了持续性研究。建立了动、静双感知系统，并实现基于匀速直线运动的目标轨迹测量。中北大学的研究团队得到多个项目的持续性支持，对使用热释电传感器进行目标识别及定位方面做了一系列研究。利用网络技术建立分布式网域测量系统并用于完成对目标的识别及定位任务；还提出一种基于动态热释电传感器的目标感知新方法[49-84]。

国内相关 PIR 探测的研究活动主要集中在几个高校研究团队。值得关注的高校研究团队有：天津大学、重庆大学、中山大学、武汉理工大学和中北大学的研究团队。

1) 天津大学的相关研究[37-41]

生物特征识别技术是一项新兴的安全技术，也是 21 世纪最有发展潜力的技术之一。用于身份识别的生物特征有手形、指纹、脸型、虹膜、视网膜、脉搏、耳郭等，行为特征有签字、声音、按键力度等。从统计意义上来说，这些生理特征都存在着唯一性，因而这些特征都可以成为鉴别用户身份的依据。基于这些特征，人们已经发展了手形识别、指纹识别、面部识别、发音识别、虹膜识别、签名识别等多种生物识别技术。如果说人脸、指纹等静态图像的识别是第一代生物识别技术的话，那么步态这种动态识别则是第二代生物识别技术。步态识别旨在从相同的行走行为中寻找和提取个体之间的变化特征，以实现自动的身份识别。步态识别是生物特征识别技术中的一个新兴领域，它旨在根据人们的行走姿势实现对个人身份的识别或生理、病理及心理特征的检测，具有广阔的应用前景，成为近年来生物医学信息检测领域备受关注的前沿方向。PIR 传感器探测人体发出的红外辐射，在有效范围内可实现运动人体的检测。由于它的低成本低功耗，在防盗报警及自动照明控制等方面有广泛的应用。行走时的人体红外辐射还含有肢体摆动及步行姿态特征信息，将为步态特征提取与身份识别提供新的来源。天津大学开展的研究工作主要是用 PIR 传感器实现步态识别。

天津大学研究团队所做的工作可归纳为 3 个方面：① 搭建了基于红外热释电传感器的人体红外信息采集系统。硬件主要包括 PIR 传感器、菲涅耳透镜、信号调理电路和数模转换装置。数据采集软件是在 LabVIEW 环境下实现的。在进行人体红外信息采集实验时，被测人沿固定路线往返行走，在固定位置的 PIR 传感器从侧面采集人体的红外信号。② 建立了人体步态红外热释电数据库。设计了两套实验方案：一是采集 16 人（其中 5 男，11 女）的步态 PIR 数据，每人4 种状态：慢速、中速、快速和中速抱球，每种状态 10 个样本，共 640 个样本；二是采集 15 人（其中 8 位男性，7 位女性）的步态 PIR 数据，每位受试者分别做走、跑、跳、捡、踢、攀爬六种动作，每个人每种动作采集了 10 个样本，数据库中共计 900 个数据样本。③ 对人体步态红外热释电数据库的数据进行特征提取和身份识别处理。已尝试过多种方法，例如提取时域信号的 AR 系数；时域信号作傅里叶变换，提取其频谱特征，并应用主成分分析（PCA）方法进行降维处理；采用支持向量机（SVM）进行身份识别；采用小波包分析法提取特征（采用 db4 小波函数对时域信号进行五层小波包分解，提取各频带的小波包系数和小波包能量作为特征参量）；采用聚类算法的分类器对不同动作的热释电信号进行分类识别；采用分层次识别方法对动作数据进行分层识别；提出了分层次提取不同特征进行分类的方法。实验结果表明，对于 4 种步态，只使用支持向量机进行身份认证,其正确识别率最高为 66.48%;若将时域信号进行傅里叶变换后提取频谱信息作为特征,并采用主成分分析(PCA)方法对频谱矩阵进行降维,再利用支持向量机进行分类,其最高识别率为 86.53%;对于 6 种动作,走和跑动作的识别率为 96.67%,跳动作的识别率为 86.78%,捡动作的识别率为84.31%,踢动作的识别率为 89.25%,攀爬动作的识别率为 89.85%。

利用热释电红外传感器来探测人体的红外信息并提取特征进行身份识别,这是一个较新的课题,虽然相对于其他身份识别方法还处于起步阶段,但是它潜在的应用前景激发了国内外研究者的兴趣。

2)重庆大学的相关研究[30-36]

重庆大学的研究团队重点研究了用 PIR 探测器进行人体辨识和非人体的识别问题,目的是解决 PIR 探测器用于家居安防中的误报率偏高问题,为开发更可靠和实用的 PIR 探测器做好前期准备。

随着经济的发展与科技的进步,人们对社会公共安全和家居环境安全提出了更高的要求。政府开展的"平安城市"建设,更是将安防工程的建设推向了新的高潮。"平安城市"的核心系统包括电视监控系统、电子巡查系统和入侵报警系统等。"平安城市"的建设给安防产业带来了巨大的商机,同时也对各种安防产品提出了更高的技术要求。PIR 探测器作为入侵报警系统中最常见的监控产品之一,它具有功耗低、性能稳定、成本低廉及良好的环境适应性等优点,在家庭、社区和工商业等安防领域有着广泛的应用。但是,现有各种 PIR 探测器所存在的高误报率的缺点限制了它的应用场合。与国外同类产品采用的技术相比,国内产品缺乏对被动式红外探测器红外信号的有效分析,没有对信号中所含有的特征信息进行有效的数据挖掘,仅仅采用脉冲计数/定时和设定信号幅度阈值触发等简单的方法作为探测器报警条件,导致探测器的报警准确率不高,不利于产品在实际应用中的推广。

众所周知,恒温动物(如鸟类和哺乳类属动物),体温大多在 36~42℃,体表温度为 32~39℃,它们辐射的红外信号波长为 9.26~9.47μm,这与人体辐射的红外信号波长有一定的重叠,因此不能通过选择菲涅耳透镜滤过光波长的方式来区分人体及其他动物。另外由于菲涅耳透镜的聚焦作用,使得来自同一辐射源不同部位的红外信号到达 PIR 传感器后丢失了与辐射源形体有关的信息。现有PIR 探测器大多采用幅度阈值作为报警的条件,只要探测器接收到的辐射能量满足一定要求,就会发出报警信号,因此当有非人辐射源如狗、运动灯光等出现时就会误报警。这种误报警主要是 PIR 探测器自身原理造成的。

通过深入研究发现:虽然 PIR 探测器自身原理和结构设计存在一定的局限性,但更重要的是缺乏对 PIR 探测器输出信号的有效分析,没有对不同辐射源的PIR 信号进行深入的特征挖掘。因此,将信号处理与模式识别方法引入到 PIR 信号的分析中,不仅对提升 PIR 探测器的检测性能具有一定的应用价值,而且对安防系统中一维信号的分析及识别也具有重要的学术意义。

重庆大学研究团队所做的工作可归纳为 6 个方面：① 在深入研究 PIR 探测器特性的基础上，建立了不同辐射源的等效模型，推导了不同等效模型的有效辐射面积与辐射源位置关系的表达式，分析了人体和非人体 PIR 信号的差异性。通过仿真得到了 PIR 探测器的理想输出波形，仿真数据与实际获取的数据具有很好的相似性。这不仅为进一步研究去噪方法提供了可信的"无污染"的原始信号，而且为后续研究和设计 PIR 探测器提供了有意义的参考信息。最后，验证了 PIR 信号的非平稳随机性，为研究 PIR 信号的特征提取方法提供了依据。② 自行研制了 PIR 信号采集装置，并利用该装置采集了人体、大型犬、小型犬以及鹅的 PIR 信号，从而建立了人与非人 PIR 信号数据库。采用 SKY-DL T1 < 0132 > 型的探测器来采集监控区域内移动热源的红外数据。总共采集了 1400 多组人体数据和 600 多组非人体数据，为后续信号的特征提取及识别研究奠定了坚实的基础。③ 针对数据采集过程容易受到噪声干扰的问题，提出了采用基于双变量收缩函数的小波相关去噪的方法。由于在实际应用中，往往无法得到无噪声"污染"的原始信号，因此提出了一种获取"纯"原始信号及噪声的方法。实验验证了所提出的双变量收缩函数方法的去噪效果最优。④ 尝试了多种提取 PIR 信号特征的算法：鉴于人体和非人体 PIR 信号在时频域上能量分布的差异性，提出了一种基于熵理论的小波包熵 PIR 信号特征提取方法；由于实小波变换对 PIR 信号的数据敏感，提出一种基于双密度双树复小波变换（DD-DT-CWT）的小波熵特征的 PIR 信号特征提取方法；通过分析 PIR 信号在频域上的特征，提出了提取 PIR 信号频谱主元特征（FFT + PCA）的方法。⑤ 为了进一步提高识别率，提出了一种基于典型相关分析（CCA）的 PIR 信号特征融合方法。该方法将两组 PIR 信号的特征矢量间的相关性特征作为判别信息，既达到了信息融合的目的，又消除了特征之间的信息冗余，为两组 PIR 信号特征融合后用于分类识别提供了新的途径。⑥ 研制了智能 PIR 探测器：尝试用可编程控制芯片 PIC16F877 实现人体的智能识别算法；用 51 单片机开发板完成 A/D 转换和数据传输；用 DM6446 开发板完成信号的处理及相应的报警输出。系统测试结果验证了所研制系统确实能够识别人体与非人体，可有效地降低 PIR 探测器的误报率。

3）中山大学的相关研究[27-29]

运动检测与轨迹跟踪是智能监控、运动分析和行为理解等课题中涉及的共性关键技术。在灾害救助、安防以及医疗监护等方面有着广泛的应用价值。PIR 传感器以非接触形式检测环境中红外辐射的变化，对人体运动具有非常高的敏感度，并且具有适用范围广、隐蔽性强和受环境光线干扰小等优点，因此基于 PIR 传感器的定位与轨迹获取技术受到关注。在已有的研究工作中，PIR 感知方式主要分为俯视和侧视两种模式。与侧视感知模式相对比，俯视感知模式能够有效克服障碍物遮挡问题，但是在感知细粒度上具有传感效率不高的问题。为此，中山大学的研究团队提出了基于径向距离的调制方法。采用递阶和多路复用的体系结构对菲涅耳透镜的视场（FoV）进行空间调制，建立空间并置的 PIR FoV 调制模式与定位模型，将运动空间定位归结为多自由度的 FoV 细分。其中，多个具有单自由度 FoV 细分的传感器协作形成多个自由度的 FoV 细分，从而实现目标定位。该方法直接提取人体目标的运动特征和空间位置信息，信息传输及处理成本低，适用于大规模空间部署。

中山大学研究团队所做的工作可归纳为 3 个方面。① 采用 PIR 俯视探测模式，呈正三角形布置 3 个热释电红外探测器，每个 PIR 探测器的 FoV 形成 3 个同心圆环，3 套同心圆环交叠在一起可分割为多个子区域，各个子区域分配不同的位置编码，于是通过 3 个 PIR 探测器采集的数据可计算得出人体的坐标信息。② 设计协议网关适配不同网络传输协议网络，在协议网关上提供以太网、WiFi 和串行接口，数据经过协议网关发送至监控终端。通过在协议网关所运行的 WindowsCE 操作系统下开发协议转换软件，实现无线传感器网络 Zigbee 通信协议与 PDA 监控终端 WiFi 通信协议的适配。监控终端用于采集、处理和分析数据，PC 监控终端主要应用于移动性要求较低但数据处理复杂度较高的场合，PDA 监控终端主要提供便捷的移动性，适用于远程数据采集与简单分析。③ 当目标能够被至少 3 个探测器节点感知时，可由这 3 个探测器节点协作计算出目标的二维位置，可利用最小二乘算法来解算。

4）武汉理工大学的相关研究[42-48]

武汉理工大学研究团队的研究课题源于国家自然科学基金项目——分布式热释电传感器网络多活动人体跟踪与识别算法及实现技术研究。

PIR 探测器已成为对人体状态监测最常见的传感器之一。虽然现阶段各种识别场所中，图像和视频系统作为人体运动特征分析的主要手段来检测步态、指纹、脸型、虹膜以及声音等人体生物主要特征，然而各种成像设备价格昂贵，检测及识别算法复杂度高，运算量大，在某些环境和应用场合不能发挥它应有的作用。而 PIR 探测器作为一种性价比较高的感知器，可应用于图像和视频系统不能正常工作的场合，成为一种新的人体运动特征分析和人体跟踪与识别的技术手段。武汉理工大学研究团队在查阅大量国内外相关文献资料，追踪相关科研机构的最新动态的基础上，明确了研究方向及需要解决的问题，并基于热释电技术的人体跟踪与识别课题开展了一系列有针对性的研究。在早期研究人员所提出的人体跟踪与人体识别的理论基础上，提出了全新的人体跟踪、人体身份识别以及人体状态识别理论。主要的创新性的研究成果可归纳为 5 个方面：① 研究了人体热释电多种波形特征的影响因素，设计了单波形探测模块与多波形探测模块。可从径向距离、人体速度、探测器高度和探测模式 4 个角度研究对单波形探测信号的影响，还可从径向距离、人体速度、探测器高度、人体体型以及信号调制罩孔数 5 个角度研究对多波形热释电信号影响。由于单波形信号包含的人体热红外信息量较少特征，易用于人体状态的检测。② 提出了一种基于人体热释电特征的人体移动路径的跟踪方法。该方法利用熵权相对接近度算法融合人体的单波形特征可高效地实现对人体移动路径的跟踪。其中熵权的采用是为了克服人体热释电信号各特征权重选取的主观性，同时提高目标识别结果的客观性、可靠性和准确性。该算法可简述为：首先建立移动人体所在路径的热释电特征观测值与已知路径人体热释电特征值的相对隶属度；然后计算隶属度矩阵的熵权矢量，通过计算各路径区域的大小矢量和相对接近度来判断人体所在的移动区域；最后利用实验验证了所提出的基于人体热释电特征的人体移动路径跟踪方法的有效性、准确性和可靠性。③ 提出了一种多层传感器融合的人体跌倒状态实时检测方法。首先利用了分布在不同高度且具有不同探测模式的组合模块，分别对人体的头部，上肢和下肢的热红外信息进行采集；然后提取能区分人体跌倒状态和非跌倒状态的主要特征；最后将这些热释电特征进行分类融合，可实现对人体跌倒状态的实时监测，并从多个距离验证了该传感器融合策略的有效性和准确性。对于多个非跌倒状态可利用支持向量机（Support Vector Machine，SVM）并结合相关的人体热释电特征进行识别。实验数据证明该方法可高效地对单个人体和多个人体的跌倒状态进行实时检测，同时也可高效地识别多个非跌倒状态。④ 提出了一种融合人体不同部位热释电特征的人体身份识别的方法。采用了相关分析（CCA）特征层融合和证据理论（DS）决策层融合，利用这两种融合方式来提高该识别系统的识别能力。特征层融合提高了单传感器对近距离对象的识别率，而决策层融合提高了系统对远距离对象的识别能力。同时将提出的特征层融合算法和决策层融合算法与其他融合算法进行比较，证明了所提算法的有效性。⑤ 设计了由多种模块构成的人体热释电信号采集和处理系统。沿着数据的流动方向，可分为数据采集单元、网关单元、算法处理单元和结果显示单元。其中数据采集单元和网关单元是下位机的主要组成部分，而算法处理单元和结果显示单元是上位机的主要组成部分，数据采集单元为下位机的核心单元。网关单元可将下位机数据无差错地传输到上位机，上位机核心单元为算法处理单元，该单元将跟踪算法和识别算法有机地融合在一起。结果显示单元可将原始采集经过处理后的人体热释电的数据一一显示。

武汉理工大学研究团队还做了不少有价值的工作，如在人体定位研究方面。第一，分析了人体发出的红外辐射的波长范围和能量分布，粗略估算出人体红外辐射的功率。根据普朗克辐射定律，计算出传感器输出信号的幅度与人体距离的关系，通过研究热释电红外传感器的工作原理和内部结构，推算出传感器输出信号的幅度与距离的关系，并对传感器的探测范围进行了初步估算。第二，通过使用遮挡罩限制传感器视角的方式，使单个传感器的空间分辨率更高，确保系统能够实现较高精度的人体定位。提出使用遮挡罩将传感器的可视角度限制到只有5°的方式，使单个传感器的感应区域的面积变小，通过合理摆放的多个传感器实现人体的定位。第三，分析了热释电红外传感器在人体定位应用中存在的问题，针对传感器的视角过大而无法实现较高精度定位问题，提出通过传感器旋转形式扫描空间的方法实现定位，从而解决无法对静止的人体进行定位的问题。

5) 中北大学的相关研究[49-84]

中北大学研究团队的研究课题背景与其他大学有明显的区别，主要是偏重军事防卫领域。该课题组得到了总装备部预研项目、国防科工局预研项目、第二炮兵"十二五"预研项目等多个项目的持续支持，开展了长达十余年的研究活动。

随着现代科学技术的飞速发展及其在军事领域里的广泛应用，传统的作战思想和作战方式已经发生了根本性的变化，以信息为基础的高度机动性、隐蔽性及空地一体化是现代战争的主要特点。信息在战争对抗中有着决定性作用。各军事大国都在发展包括地面雷达、红外探测、光学探测、空中无人机、预警机、侦察机、卫星等在内的信息收集和目标探测系统。但是，以辐射电磁波为主要途径的主动探测方式逐渐暴露出了其自身的弱点，即在探测敌方的同时，也使自己暴露给了敌方，不但给予敌方进行电子欺骗的重要依据，而且成为敌方使用反辐射手段的首要攻击目标。为解决上述问题，无源被动式探测技术的研究引起了人们的更大注意，各国开始发展自己的战场传感器侦察系统（Multi-Sensor Surveillance System on Battlefield）。战场传感器侦察系统运用最新高科技的成果，具有侦察范围广，侦察纵深远，不受地形和气候条件影响，隐蔽性好，抗干扰能力和生存能力强，获取情报准确、及时、不间断，布设方便灵活的特点。

战场传感器侦察系统可以通过人工布设、飞机空投或火炮抛射等方式部署在敌人活动地域或可能入侵的地段、要道上，特别是在其他侦察器材"视线"达不到、受地形、地物遮挡的地域，可以用来执行预警、目标搜索、探测、监视和指示等任务。战场传感器侦察系统主要应用在军事防卫和安全警戒两方面。在军事防卫方面可用于4个方面。① 防御作战。当分队占领防御阵地时，可以在阵地四周或有敌情威胁的方向呈环形或扇形布设，来作为预警系统；在防御阵地的翼侧，可能有敌情威胁的方向布设，以代替或加强侧方警戒；在纵深反空降地域布设，以监视空降之敌的行动；在导弹发射场、指挥所、机场和后勤仓库等周围布设，以加强警戒；在可能被敌人用做集结地域、指挥所、炮兵阵地的地区和重要交通路口，以收集敌人行动的情报。② 进攻作战。在进攻敌方防御的坚固阵地和野战阵地时，可将战场传感器侦察系统布设在敌方可能用作各种阵地的地区和重要的交通要道，以研究敌人的防御部署和动向；在预定的主要攻击道路上布设以监视该方向的敌情变化；在可能有援敌的方向布设，以监视其动向；在军队进攻队形的翼侧或间隙地布设，以防敌渗透或反击；在进攻队形的后方或敌人可能实施机降、空投的地区布设以防敌人的偷袭。③ 军队机动时，战场传感器侦察系统可加强行军的前方、后方和侧翼的警戒。④ 炮兵部队用于对欲打击的目标实施准确位置侦察监视、指示目标、超视距瞄准等。在安全警戒方面主要用于武警部队和公安系统：① 武警部门作为警戒监视器材用于边界、防线、重要目标、重要地区和交通道路的监视，提供敌人入侵警报，提高安全防卫能力；② 特别是在缉私打假斗争中，可作为野外工作的公安保安系统，长年累月无人值守地监视要控制的地段和要道，以节约人力、物力，尤其可以减少不必要的牺牲；③ 其他推广应用，如文物、银行金库、矿产和重要仓库的保卫，公路交通、道路桥梁、港口海岸甚至高速公路的监视等。

战场传感器侦察系统是一个多传感器探测阵列网络。可通过人工布撒和机器布撒的方法构建。一般把多个传感器探测单元（节点），布撒在数十平方千米设防区域范围内，并使多种类型的传感器探测单元在无人值守情况下有效地进行全天候、全天时的信息探测。每一个独立的分布单元包括由一种或多种融合的传感器组成的探测器、卫星定位接收机、无线电遥控发射机和接收机。每个单元的探测器以振动、声音和红外传感器为主要类型，可以探测周围距离20m范围的人员和距离200m范围的车辆。每个单元都是一个网络通信节点，可把本单元的探测信息发给群阵内的其他传感器单元，也可接受其他单元的探测信息。整个网络的监控指挥中心，可以是固定的也可以是移动的，如车载站或单兵行动站。指挥中心具有网络单元分布位置显示、目标识别、信息处理和传感器自检功能，单击某个传感器单元，就能获取该点侦察到的信号，因而能够及时向上级系统提供侦察监视的目标运动信息和地理位置信息，形成更有效的野战系统网络。这种分布式多传感器探测阵列和指挥中心站组成的战场传感器侦察系统网络，具有很大的灵活性和实时性。

早在20世纪60年代初期，美国就开始了地面战场无人自动侦察与监视技术的研究，并且在越战中得到了成功运用。英国在这一领域的技术也是很成熟的。最具代表性的是美国在20世纪80年代末期装备部队的"远距离战场传感侦察系统"和英国的"RGS-2740遥控地面传感系统"，它们都能探测识别人员、轮式车辆、履带车辆，还可以利用炮声判断敌方炮位。通过空投、火炮发射以及无线电传输等技术，可对战场进行大纵深、宽正面、全天候24h侦察和监视。战场传感器侦察系统，不论在国内还是在国外，其名称和内涵还没有形成统一说法。在国内最早称为战场传感侦察系统、多传感器网络探测与控制系统，后来又加入悬浮弹、战场视频弹、侦察弹、炮射侦察器等。在国外称为"无人管理的地面传感器"（Unattended Ground Sensor，UGS）。主要分为两类：一类是长时间无人值守的地面隐蔽监视传感器或网络（称为"相互联网的地面传感器"（Internetted Unattended Ground Sensor，IUGS），又称为间谍传感器（Spy Sensor））。另一类是传感器阵列，主要指声（振）探测、定位的阵列，称为声（振）阵列。

美军是最早开始战场传感器研究工作的。1966年，美国国防部成立专门小组，拨款7亿美元发展了地面监视系统：配置在非军事区的"双刃（Dual

Blade)"系统和拟在老挝建立的空中支援封锁系统"自屋（Igloo 17hiter）"。这是地面战场传感器侦察系统最早的雏形。因为地面战场侦察传感器在越战中的优异表现，1970 年，美国国防部责成各军兵种研制传感监视系统。1971 年，美国陆军决定将上述传感器归类为"东南亚作战传感器系统（SEAOPASS）"。同年，美国陆军通过了发展用于世界各地和全天候的传感器的要求。1972 年，成立了"伦巴斯（RBMBASS）"计划办公室，开始研制著名的"改进伦巴斯（IREM-BASS）"型样机。美军伦巴斯系统主要包括振动/声分类传感器、红外传感器、磁传感器、RT-1175A 远距离传输中继器、手持式和台式监视器。苏联在 1972 年就有了机动性很强的 CHAP2 战场侦察系统。1982 年，苏联的 PsNR-1 型战场侦察传感器系统投入使用。1981 年，英国 RACAL 公司研制并生产了"克拉西克（CLASSIC）"远距离地面传感器系统，英国还有 TOBIAS 地面振动式战场入侵报警系统和远距离地面传感器系统 HERMES 等。直到 20 世纪 90 年代，各国发展的地面战场侦察传感器系统仅仅能够进行探测和分类。随着运行先进算法的高速处理器技术的发展，很快实现了实时探测空中和地面目标，并估计其方位，识别和确定其位置。现在，已经发展到利用无线传输技术联成网络并由多个传感器阵列组成分布式系统。

战场的侦察与监视技术历来都被看作是战争的耳目。从 1991 年的海湾战争中，人们看到了高新技术在现代战争中的巨大作用。为此，各军事大国都投入了大量的人力物力，进行多领域、多学科的侦察技术研究和应用。而国内在这一领域的研究起步较晚，需迎头赶上。国内的战场传感器侦察系统的研究主要有几个关键技术需要攻克：① 战场传感侦察系统的微型化和网络化。只有各种探测单元的微型化，才能增加布设的数量，延长传感器在战场的潜伏寿命和防止敌方的清除；只有多个探测单元的网络化，才能增强其在战场环境的生存能力，不会因为偶尔一个失效而失去系统的侦察能力。② 探测单元的网络信息传输保密技术。在传输的时间上要通过数据压缩技术尽可能减少发送时间，这样在延长电池寿命的同时，降低了被敌方侦测的概率。在可能的条件下，尽量采用加密新技术，提高保密性。③ 多传感器信息的数据融合及识别。多传感器信息的数据融合及识别工作是一项综合性的技术，是降低"虚警"和"漏警"的关键。

中北大学研究团队的研究成果集中在远距离动静态 PIR 探测器的研制和基于动静态 PIR 探测网域的入侵目标智能感知方法两个方面。

在远距离动静态 PIR 探测器的研制方面，主要的成果有以下几个方面。

（1）设计并研发了基于 PIR 传感器＋红外透镜的静态 PIR 探测器。这种新型的 PIR 探测器与国内其他研究团队普遍使用的 PIR 传感器＋菲涅耳透镜所构成的 PIR 探测器不同之处在于：探测距离远，可达 50m；探测视角窄，小于 5°。正是由于看得远和看得准的优点，这种新型 PIR 探测器比传统 PIR 探测器具有更高的视距和方位分辨率。

（2）设计并研发了基于 PIR 传感器 + 红外透镜 + 动态旋转平台的动态扫描 PIR 探测器。由于 PIR 传感器 + 红外透镜的静态 PIR 探测器的视场很窄，虽然提高了目标探测的方位分辨率，但也使所能监视的视场区域变得很小。若要广角监视就需要布置很多的静态 PIR 探测器，很难做到360°无盲区监视。基于 PIR 传感器 + 红外透镜 + 动态旋转平台的动态扫描 PIR 探测器的发明就是为了破解这个难题。动态扫描 PIR 探测器可以实现远视距和高方位分辨率下的360°无盲区探测。

（3）设计并研发了由多个静态 PIR 探测器构成的静态 PIR 探测站以及静态 PIR 探测网域系统。用8个静态 PIR 探测器可构成米字形静态 PIR 探测网的网络节点，用4个静态 PIR 探测器可构成十字形静态 PIR 探测网的网络节点，用6个静态 PIR 探测器可构成木字形静态 PIR 探测网的网络节点，用3个静态 PIR 探测站可构成丫字形静态 PIR 探测网的网络节点。用不同类型的网络节点，可以分别构成米字形、十字形、木字形或丫字形探测网络。这些网络节点间的连接线就是静态 PIR 探测锥柱的中心线。这些网络节点间的连接带就是静态 PIR 探测网域的探测带。当入侵目标穿过和进入这些探测带时，入侵目标就会被静态 PIR 探测网域系统感知。静态 PIR 探测网域系统的优点是探测响应快、定位准确和可识别目标运动方向。静态 PIR 探测网域系统的缺点是，这些网络节点间的连接带围成的网眼区域是探测盲区。

（4）设计并研发了由多个动态 PIR 探测器构成的动态 PIR 探测站以及动态 PIR 探测网域系统。用4个动态 PIR 探测器可构成方形网眼动态 PIR 探测网的网络节点（站），用6个动态 PIR 探测器可构成三角形网眼动态 PIR 探测网的网络节点，用3个动态 PIR 探测器可构成六边形网眼动态 PIR 探测网的网络节点。用动态 PIR 探测站构成动态 PIR 探测网的网络节点，可以构成网眼分别为方形、三角形和六边形的网络。这些网络节点间的连接线以及连接线所围成的网眼区域都是动态 PIR 探测网域的探测区。当入侵目标穿过和进入这些探测区时，入侵目标就会被动态 PIR 探测网域系统感知。相比静态 PIR 探测网域系统，动态 PIR 探测网域系统没有探测盲区。

（5）设计并研发了由多个动态 PIR 探测器和多个静态 PIR 探测器构成的动静态组合 PIR 探测站以及动静态组合 PIR 探测网域系统。用4个静态 PIR 探测器和4个动态 PIR 探测器可构成方形网眼动静态组合 PIR 探测网的网络节点，6个静态 PIR 探测器和6个动态 PIR 探测器可构成三角形网眼动静态组合 PIR 探测网的网络节点，用3个静态 PIR 探测器和3个动态 PIR 探测器可构成六边形网眼动静态组合 PIR 探测网的网络节点。用不同类型的动静态组合 PIR 探测站可以分别构成方形、三角形和六边形的动静态组合 PIR 探测网络。这些网络节点间的连接线以及连接线所围成的网眼区域都是动静态组合 PIR 探测网域的探测区。动静态组合 PIR 探测网域系统综合了静态 PIR 探测网域系统和动态 PIR 探测网域系统的优点，没有探测盲区、探测响应快、定位准确。

基于动静态 PIR 探测网域的入侵目标智能感知有如下方法。

(1) 提出了基于静态 PIR 单体探测器的入侵目标定位方法。所提出的热释电信号峰峰值时间差法可以实现静态 PIR 单体探测器前视目标的较准确的测距，针对目标斜切通过 PIR 探测器探测线时测距不准的问题提出了目标斜切下的热释电信号峰峰值时间差法。

(2) 提出了基于静态 PIR 探测网域的入侵目标定位方法。所提出的双静态 PIR 单体探测器对瞄目标下的热释电信号峰峰值时间差综合法可以实现静态 PIR 探测网域连接线上目标的较准确的测距。

(3) 提出了基于动态 PIR 探测器的入侵目标定位方法。所提出的帧间差分法及背景差分法相结合处理信号的方法可以提取动态 PIR 探测器扫描探测到目标的时刻信息从而测得扫描探测到目标的射线角（目标发现方位角）。

(4) 提出了多种基于动态 PIR 探测网域的入侵目标定位方法。用所提出的探测角射线交叉定位法可实现方形网眼相邻两节点探测的目标定位，进而实现方形网眼四节点探测的目标定位。所提出的四分程四分区快速定位法可以实现方形网眼动态 PIR 探测网域的目标小区域快速定位。所提出的探测角方程联立求解定位法可实现五次发现目标条件下的方形网眼动态 PIR 探测网域的目标定位。所提出的基于粒子群优化的分时纯方位角优化定位法可实现基于极径序列目标轨迹模型的动态 PIR 探测网域的目标定位。基于动态 PIR 探测网域的入侵目标定位方法被证明可解决单网络节点 PIR 探测站对径向运动目标的探测能力弱的问题，因为多网络节点 PIR 探测站可构成对任意方向运动的目标进行探测的探测网域。

(5) 提出了基于动静态组合 PIR 探测站的入侵目标定位方法。与纯静态 PIR 探测站和纯动态 PIR 探测站的入侵目标定位相比，动静态组合 PIR 探测站的入侵目标定位具有响应快、所需 PIR 探测器数量少和探测无盲区的优势。

(6) 提出了基于动静态组合 PIR 探测网域的入侵目标定位方法。可同时发挥双静态 PIR 单体探测器对瞄目标下的热释电信号峰峰值时间差综合法的精确测距优势和探测角射线交叉定位法的测方位角优势。可节省 PIR 探测网域的 PIR 探测器布设数量。所提出的三角形最小感知网眼单元可构成高效探测的 PIR 探测网域。

(7) 针对在战场纵深地区，布撒大量低成本、低功耗的感知平台，进行对战场态势的实时性感知，实现重要区域无人值守自动监控的课题研究背景，提出了一系列有关网域协同感知的新理念。PIR 传感器＋红外透镜的静态 PIR 探测器和 PIR 传感器＋红外透镜＋动态旋转平台的动态扫描 PIR 探测器就是低成本和低功耗的感知器。由多个动态 PIR 探测器和多个静态 PIR 探测器构成的 PIR 探测站就是构建感知网域的网络节点的感知平台。由若干 PIR 探测站围成的网眼单元就是感知网域的最小协同感知单元。每个协同感知单元可实现该网眼单元区域的目标探测、目标定位和目标轨迹预推的智能感知。由若干个最小协同感知单元可组成一个无中心自组织自恢复网络，它就是一个战场态势的协同感知网域。如果这个协同感知网域是一次性人工或机器自动布设的，那它就是一个固定区域的协同感知网域。如果这个协同感知网域的每一个感知平台（PIR 探测站）都是可自主移动的感知机器人（可移动感知平台），那么这个协同感知网域就成为可移动的协同感知网域。

1.2 基于 PIR 传感器的入侵目标探测系统

1）单个 PIR 传感器

根据参考文献［85］，早在 1938 年就有人提出过利用热释电效应探测红外辐射的设想，但是直到 20 世纪 60 年代才开始研究利用某些材料的热释电效应制成的红外检测元件。人们发现陶瓷热释电材料，不但有良好的热释电特性，而且成本低，可以大批量生产。随着技术的不断改进，热释电红外传感器的结构日臻完善，体积越来越小，灵敏度和可靠性都得到提高。红外传感器主要分两大类：一类是光电型；另一类是热敏型。光电型的响应速度快，检测特性好，但需要冷却，而且器件的检测灵敏度与红外波长有关，使用不方便。热敏型的可在室温条件下工作，检测灵敏度很高且与辐射波长无关，可探测功率只受背景辐射的限制，检测响应很快，应用很方便。PIR 传感器就是热敏型红外传感器，远优于光电型红外传感器。

已发现的热释电材料有许多种，但最常用的不过 10 种，可分成 3 类：① 单晶材料，如硫酸三甘肽（TGS）和铌酸锂；② 陶瓷材料，如锆钛酸铅（PZT）和钛酸铅；③ 高分子薄膜材料，如聚偏二氟乙烯。这 3 类材料中，性能最好的是陶瓷材料。它的居里点高，自发极化强度高，成本低，能大批量生产。

PIR 传感器是由陶瓷热释电元件、氧化铝基底、场效应管前置电路、窗口材料和外壳等部分组成的。为了获得很高的灵敏度，热释电元件本身必须足够薄，尽量减小热容量。同时，制成的传感器也必须是体积小、热容量小的特定结构。因为热释电元件阻抗很高，所以易受外来噪声的影响。为解决这一问题，可以在内部插入一个场效应管（Field Effect Transistor，FET）前置级作为阻抗变换电路。

PIR 传感器主要有双元型、四元型和温补单元型 3 种。双元型和四元型广泛用于防盗装置中检测人的出现。温补单元型用于辐射高温计、气体分析设备和火焰检测器等。这 3 种 PIR 传感器中，应用最广泛的是双元型。因为它能检测目标的出现和目标的运动方向。

因为热释电红外传感器的灵敏度与辐射波长无关，所以其检测范围宽。这对于辐射高温计是一大优点，而对于检测人的应用则会造成误动作。为此，检测人的传感器都带有选择性窗口材料，这种窗口材料只允许人体辐射波长通过（7 ~ 15μm）。

因为热释电元件本身的检测能力有限，而且需要辅助电路，所以实用性差。因此，通常厂家大都提供完整的传感器装置（探测器），而不是简单的传感器元件。热释电红外传感器装置通常是由热释电传感器元件、透镜系统、辅助电路（放大和信号处理）和屏蔽盒组成，整个装置的体积很小，选用传感器时主要根据应用对象来确定。多功能传感器内部有定时器，通用型的体积小、价格低，检测人的探测器内部设有滤波电路，可避免误报警。有了这些装置，用户可通过调节电阻电容设定灵敏度和定时时间。这些传感器装置都很容易安装到照明装置上，保证只在晚间工作，或用于灯具控制。检测人的传感器检测距离为5m。只要人体温度大于环境温度4℃，在有空调的房间，检测距离可达10m远。

2) 传感器 + 菲涅耳透镜的 PIR 探测器

根据参考文献［86］，菲涅耳透镜是一种由塑料制成的特殊设计的光学透镜，它用来配合热释电红外传感器达到提高接收灵敏度以及提高检测距离及范围的目的。实验证明，热释电红外传感器若不加菲涅耳透镜，则其检测距离仅为2m左右（检测人体走过），而配上菲涅耳透镜后，则其检测距离可增加到10m以上，甚至可达20m以上。菲涅耳透视镜的工作原理是移动的人体辐射的红外线进入透镜，产生一个交替的"盲区"和"高灵敏区"，这样就产生了光脉冲。透镜由很多盲区和高灵敏区组成，因此，人体在探测区域内移动就会产生一系列的光脉冲进入传感器。几种常用的菲涅耳透镜有：① 黑色透镜型（如 B5-94V3，红外线透过率可达80%，平面角度94°，检测距离大于23m）；② 吸顶型（如 S-99，离地2.4m，检测半径6.6m）；③ 半球型（如 RS-8，圆锥度60°，检测距离5m）；④ 走廊型（如 S-05，平面角度5°，检测距离30m）；⑤ 短焦距型（如 S-135，平面角度136°，检测距离15m）；⑥ 通用型（如 Q-6，平面角度120°，检测距离10m）。

根据参考文献［87］，菲涅耳透镜采用电镀模具工艺，由聚乙烯（PE）材料压制而成。镜片（0.5mm 厚）表面刻录了一圈圈由小到大，向外由浅至深的同心圆，从剖面看似锯齿。圆环线多而密，感应角度大，焦距远；圆环线刻录得深，感应距离远，焦距近。同一行的数个同心圆组成一个垂直感应区，同心圆之间组成一个水平感应段。垂直感应区越多，垂直感应角度越大。镜片越长，感应段越多，水平感应角度就越大。区段数量多被感应人体移动幅度就小，区段数量少被感应人体移动幅度就要大。不同区的同心圆之间相互交错，减少区段之间的盲区。区与区之间，段与段之间，区段之间形成盲区。由于镜片受到红外探头视场角度的制约，垂直和水平感应角度有限，探测区域也有限。镜片从外观分类为：长形、方形和圆形。从功能分类为：单区多段、双区多段和多区多段。菲涅耳透镜作用有两个：① 聚焦作用，即将红外信号折射（反射）在热释电红外传感器上。红外线的聚集通过分布在镜片上的同心圆的窄带（视窗）来实现，相当于凸透镜的作用。以方形多区多段镜片为例。透镜窄带的设计不均匀，自上而下分为几排，上面较多，下边较少，一般中间密集、两侧疏。因为人脸部、膝部、手臂红外辐射较强，正好对着上边的透镜。下边较少，一是因为人体下部红外辐射较弱，二是为防止地面小动物红外辐射干扰。② 将探测区域内分为若干个"高灵敏区"和"盲区"，使进入探测区域的移动物体能以温度变化的形式在热释电红外传感器上产生变化的热释红外信号。当人体在探测区域内移动，穿过交替的"高灵敏区"和"盲区"时，就会产生一系列的光脉冲进入传感器，从而提高了接收的灵敏度。实验表明：人体移动速度越快，灵敏度越高。菲涅耳透镜一般可分 3 种颜色：第一种是聚乙烯材料原色，成半透明或透明，透光率好。人体散发出的红外光线穿透力强，不易被损失，其热释传感器接收的信号强。但它抗白光的能力差，易引起误报；第二种是白色不透明，作用是可抗白光的穿透防止误报。但缺点是人体红外线穿透镜片时会损失一部分的红外光线。热释电传感器接收的信号弱，易引起红外探测器漏报现象的发生；第三种是黑色，用于防强光干扰。菲涅耳镜片与 PIR 传感器的搭配是按感应方式来区分的：① 单区多段水平式，感应角度大，形成一个长方形扇形面感应区，能避开上下红外线干扰；② 单区多段垂直式，感应角度小，形成一个垂直形扇形面感应区，能避开左右红外线干扰；③ 多区多段感应式，多用于挂墙式安装，倾斜向下探测三个不同的区域，多用于大面积探测；④ 多区多段圆锥体式，多用于吸顶式安装和大面积探测，直接向下探测，多采用四元 PIR 传感器，感应方向视场图更趋似圆锥体。

3) 传感器 + 红外透镜的 PIR 探测器

PIR 传感器配套菲涅耳透镜构成的 PIR 探测器已被研发成通用工业产品并被广泛应用。但是这种 PIR 探测器多被用为一种人体目标探测的检测开关，并不能满足更高的探测要求，如目标测距或目标定位。所以，中北大学的研究团队研发了 PIR 传感器配套红外透镜构成的 PIR 探测器，研究的目标是探测距离远、方位感知能力强和反应快捷。所研发的传感器配套红外透镜构成的 PIR 探测器采用了锗材料做成的平凸透镜，其对红外光的透过率可达到 99% 以上。在红外能量通透率上远高于菲涅耳透镜。而且，通过红外透镜的聚焦，可以使这种新型的 PIR 探测器看得更远和更准。实际实验结果表明：用这种传感器 + 红外透镜的 PIR 探测器，可探测到 110m 远的车辆和 50m 远的人。此外，经研究发现：这种 PIR 探测器的探测锥度角约为 5°，按锥度射线外延，在探视远端的探测圆截面将变大，这将降低方位探测的分辨率。但是实际探测结果是探视远端的实际探测圆截面并没有变大而是变小了，这或许是因为探测距离越远则探测灵敏度越低的缘故。因此，可以认为传感器 + 红外透镜的 PIR 探测器有较高的方位探测的分辨率[68-69,78]。

4) 传感器 + 菲涅耳透镜的 PIR 探测器阵列

在应用 PIR 探测技术探测人体目标及活动特征的研究中，传感器 + 菲涅耳透镜的 PIR 探测器阵列被许多研究者采用。例如，美国 Duke 大学利用多个 PIR 传感器进行感知区划分并进行区域编码；中山大学的研究团队小组将 3 个 PIR 节点呈三角形放置，各个子区域分配不同的位置编码，利用相邻的 3 个传感器节点得到的信息协作定位人体的坐标信息[27-29]；武汉理工大学的李博雅等人利用 PIR 传感器的定位节点自身几何参数和探测数据初步定位，实现对检测区域内人体目标的定位与跟踪[42-48]。

传感器 + 菲涅耳透镜的 PIR 探测器阵列实际上就是多个传感器 + 菲涅耳透镜的 PIR 探测器按预设的空间位置排列在一起。例如，探测站立的人体目标时，分别在一个立柱上的高、中、低位置上安置 PIR 探测器，就将可从侧视的角度分别探测人体目标的头部、腰部和腿部活动。

通常的传感器 + 菲涅耳透镜的 PIR 探测器产品是广角度探测的，没有目标方位探测的能力。但是把调制罩加入后，传感器 + 菲涅耳透镜 + 调制罩的 PIR 探测器就不一样了。调制罩，又称遮挡罩，安置在菲涅耳透镜前，只允许红外线透过特制的视窗进入传感器 + 菲涅耳透镜的 PIR 探测器，从而使 PIR 探测器具备了方位感。例如，利用特别设计的窄缝视窗调制罩，可以在一个 PIR 探测立柱上安装 16 个传感器 + 菲涅耳透镜 + 调制罩的 PIR 探测器，每个探测器只负责一个小角度方位的探测，这样就可以做到识别入侵目标所在的方位角了。美国 Duke 大学的研究就是用的这种侧视模式的 PIR 探测器阵列。类似地，如果把调制罩的视窗设计为环形状，并在一个俯视探测点上安置 3 个传感器 + 菲涅耳透镜 + 调制罩的 PIR 探测器，每个探测器只负责一个环形区的探测，这样就可以做到识别入侵目标所在的环形区方位。中山大学的研究就是用的这种俯视模式的 PIR 探测器阵列。

5）传感器 + 红外透镜 PIR 探测器网域

中北大学的研究团队研发的 PIR 传感器配套红外透镜构成的 PIR 探测器，其功能相当于传感器 + 菲涅耳透镜 + 窄缝视窗调制罩的 PIR 探测器，甚至在性能指标上要比其强得多。从工作原理上分析，传感器 + 红外透镜 PIR 探测器的探测效率显然比传感器 + 菲涅耳透镜 + 窄缝视窗调制罩的 PIR 探测器要高得多。因为通过菲涅耳透镜广角探测到的目标的红外辐射信号能量只有很少一部分能经过窄缝视窗调制到达传感器，而不像传感器 + 红外透镜 PIR 探测器，目标的红外辐射信号能量被聚焦并通过高红外通透率的透镜直接传给传感器。

中北大学的研究团队用多个传感器 + 红外透镜 PIR 探测器构建静态 PIR 探测站并将多个 PIR 探测站组建为一个探测网域。例如，用 8 个静态 PIR 探测器可构成米字形静态 PIR 探测网的网络节点探测站，用多个这样的网络节点探测站可以构建米字形静态 PIR 探测网域。多个网络节点探测站按预设的网络拓扑结构分散布置。预设的网络结构有：米字形、十字形、木字形和丫字形。探测网域的探测面积取决于网络节点探测站布置的数量和网络节点间的平均间距。大小网络节点间的连接线就是 PIR 探测网域的探测线。当入侵目标进入和穿过这些探测带时，

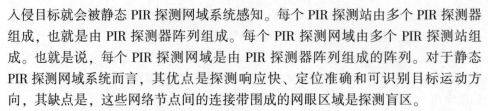

入侵目标就会被静态 PIR 探测网域系统感知。每个 PIR 探测站由多个 PIR 探测器组成，也就是由 PIR 探测器阵列组成。每个 PIR 探测网域由多个 PIR 探测站组成。也就是说，每个 PIR 探测网域是由 PIR 探测器阵列组成的阵列。对于静态 PIR 探测网域系统而言，其优点是探测响应快、定位准确和可识别目标运动方向，其缺点是，这些网络节点间的连接带围成的网眼区域是探测盲区。

6）传感器 + 红外透镜动态 PIR 探测器网域

中北大学的研究团队还研发了传感器 + 红外透镜动态 PIR 探测器。传感器 + 红外透镜动态 PIR 探测器是传感器 + 红外透镜 + 旋转平台 PIR 探测器。旋转平台加入后，可使传感器 + 红外透镜 PIR 探测器进行往复扫描探测，从而弥补了窄角探测的缺陷，满足了无盲区探测的需求。

中北大学的研究团队用多个动态 PIR 探测器可构成的一个动态 PIR 探测站。用多个动态 PIR 探测站作为网络节点可构建动态 PIR 探测网域。例如，用 4 个动态 PIR 探测器可构成方形网眼动态 PIR 探测网的网络节点（站）。用动态 PIR 探测站构成动态 PIR 探测网的网络节点，可以构成网眼分别为方形、三角形和六边形的网络。这些网络节点间的连接线以及连接线所围成的网眼区域都是动态 PIR 探测网域的探测区。当入侵目标穿过和进入这些探测区时，入侵目标就会被动态 PIR 探测网域系统感知。相比静态 PIR 探测网域系统，动态 PIR 探测网域系统没有探测盲区。但是，动态 PIR 探测网域系统也有探测速度较慢和网络节点间连接线上探测不准的问题。于是动静态组合 PIR 探测网域系统被提出。动静态组合 PIR 探测网域系统综合了静态 PIR 探测网域系统和动态 PIR 探测网域系统的优点，没有探测盲区、探测响应快、目标定位准确性提高。

1.3 基于 PIR 探测器的入侵目标智能感知方法

通过上述几种基于 PIR 传感器的入侵目标探测系统，可以获取多种形式的入侵目标探测原始信号数据。根据这些原始信号数据，稍加处理就可得出入侵目标是否出现的结论。但是若要得到入侵目标的更详尽的状态和方位信息，就需要根据不同的目的进行智能化的信息处理。不妨将这种智能化的信息处理方法称为入侵目标智能感知方法。

对于所监视的空间，基于 PIR 传感器的入侵目标探测系统一般以两种模式进行探测：俯视感知模式和侧视感知模式。对于入侵目标智能感知方法，可按俯视感知模式和侧视感知模式分为两类。尽管两种模式下的入侵目标智能感知方法有很大的区别，但是它们都属于二维感知（平面感知）范畴。

如果按照信息处理的目的分类，可把入侵目标智能感知方法分为方位感知和运动特征感知两大主要类别。当入侵目标的方位可以连续感知时，就很容易推知入侵目标的运动速度和方向，进而预测入侵目标的运动轨迹。所以，方位感知比轨迹感知更基础、更重要。入侵目标智能感知方法中常用的智能分析技术主要是智能优化技术和智能模式识别技术。

1) 俯视感知模式

俯视感知模式下的入侵目标智能感知方法中，比较典型的是中山大学的研究团队提出一种基于热释电红外探测器阵列（3×3）的人体定位方法[27-29]。该探测系统的传感器悬挂在房顶上，包括9个探测器，分为3组，3组布局为等边三角形安置。每个探测器为传感器＋菲涅耳透镜＋调制罩的PIR探测器。每组中3个探测器并排安装，并按图1-1所示的可见区域进行视场调制，即用环形视窗限定每个探测器的环形视场。

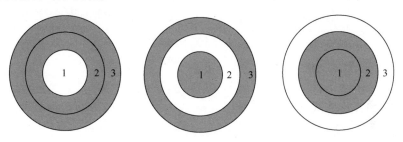

图1-1　菲涅耳透镜遮挡覆盖示意图

图1-1中，灰色代表屏蔽区域，白色代表未屏蔽区域。当目标位于灰色所在区域时，传感器无法检测到目标，输出为0，而目标位于白色区域时，输出为1。当这样的探测节点悬挂于屋顶时，因为房高远大于3个并排摆放的探测器的相互距离，所以可以近似认为这3个探测器是处于同一位置。图1-2表示人体身高对环形区探视场的影响。表1-1为人体所在区域和传感器输出值的对应关系。

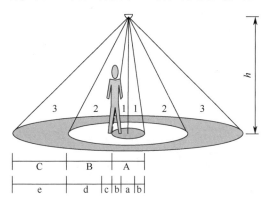

图1-2　考虑人体身高影响时的探视场分区图

根据图1-2和表1-1可知：考虑人体身高影响后，由一个探测节点的3个探测器输出就可以初步确定目标所在位置圆环为a、b、c、d、e中的哪个位置。进而可粗略确定目标距探测节点中心的水平距离。

表1-1 人体所在区域与探测器输出值的对应关系

检测区域	探测器	检测区域	探测器
a	[1 0 0]	d	[0 1 1]
b	[1 1 0]	e	[0 0 1]
c	[0 1 0]		

设 3 个探测节点 1、2、3 的圆心分别为 $O_1(x_1, y_1)$、$O_2(x_2, y_2)$ 和 $O_3(x_3, y_3)$，3 个圆心坐标都是已知的，假设目标位于 $P(x, y)$ 点，根据探测节点所测目标所在圆环位置，可设目标所在圆环中心半径与各探测节点中心的水平距离分别为 d_1、d_2 和 d_3，则有如下方程组：

$$(x - x_1)^2 + (y - y_1)^2 = d_1^2 \tag{1-1}$$

$$(x - x_2)^2 + (y - y_2)^2 = d_2^2 \tag{1-2}$$

$$(x - x_3)^2 + (y - y_3)^2 = d_3^2 \tag{1-3}$$

由式（1-1）减式（1-2）可得

$$2(x_2 - x_1)x + 2(y_2 - y_1)y = d_1^2 - d_2^2 + x_2^2 - x_1^2 + y_2^2 - y_1^2 \tag{1-4}$$

由式（1-2）减式（1-3）可得

$$2(x_3 - x_2)x + 2(y_3 - y_2)y = d_2^2 - d_3^2 + x_3^2 - x_2^2 + y_3^2 - y_2^2 \tag{1-5}$$

由式（1-1）减式（1-3）可得

$$2(x_3 - x_1)x + 2(y_3 - y_1)y = d_1^2 - d_3^2 + x_3^2 - x_1^2 + y_3^2 - y_1^2 \tag{1-6}$$

将式（1-4）、式（1-5）和式（1-6）改写成矩阵形式，即

$$HX = F \tag{1-7}$$

式中：

$$H = 2\begin{bmatrix} x_2 - x_1 & y_2 - y_1 \\ x_3 - x_2 & y_3 - y_2 \\ x_3 - x_1 & y_3 - y_1 \end{bmatrix}, \quad X = \begin{bmatrix} x \\ y \end{bmatrix}, \quad F = \begin{bmatrix} d_1^2 - d_2^2 + x_2^2 - x_1^2 + y_2^2 - y_1^2 \\ d_2^2 - d_3^2 + x_3^2 - x_2^2 + y_3^2 - y_2^2 \\ d_1^2 - d_3^2 + x_3^2 - x_1^2 + y_3^2 - y_1^2 \end{bmatrix}$$

利用最小二乘法可求出 X，即使 $\| HX - F \|_2$ 最小，式（1-7）的最小二乘解为

$$X = (H^T H)^{-1} H^T F \tag{1-8}$$

应用该方法实现人体初略定位的前提是 3 个探测中心都能探测到人体目标。该方法的特色是考虑了人体身高，进一步细化了检测区域的分割，提高了环形区定位的精度。

2）侧视感知模式

俯视感知模式下的入侵目标智能感知方法中，比较典型的是美国 Duke 大学的研究团队提出的方法[22]。该方法基于传感器 + 非涅耳透镜 + 调制罩的 PIR 探测器。将 8 个探测器按照一个扇形区域进行分布，使检测区域覆盖一定范围，将

每个传感器的可见区域进行编码，为了提高精度，相邻传感器之间的可见区域有重叠。该系统对区域分割效果如图 1-3 所示，这个系统共使用了 8 个 PIR 探测器，每个 PIR 探测器既有本身的独立感应区域（1、3、5、7、8、10、12、14 的区域）又有与相邻传感器的相交叠的区域（编号为 2、4、6、9、11、13 的区域），以此划分，以定位系统为中心向外辐射的扇形范围被划分为 14 个子区域，这些子区域的区域编号分别是 1~14，PIR 探测器的编号为 1~8，每个传感器有输出时对应位的二进制编码值为 1，没有输出对应位二进制编码值为 0，则输出编码与区域编号之间的关系如表 1-2 所列，按照以上设计思路设计的实验系统的 PIR 探测器的调制罩如图 1-4 所示。

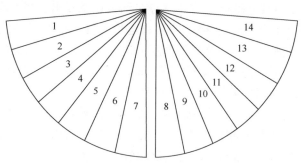

图 1-3　人体定位系统区域分割效果图

表 1-2　输出编码与区域编号对应关系

检 测 区 域	传 感 器	检 测 区 域	传 感 器
1	[1 0 0 0 0 0 0 0]	8	[0 0 0 0 1 0 0 0]
2	[1 1 0 0 0 0 0 0]	9	[0 1 0 0 1 1 0 0]
3	[0 1 0 0 0 0 0 0]	10	[0 0 0 0 0 1 0 0]
4	[0 1 1 0 0 0 0 0]	11	[0 0 0 0 0 1 1 0]
5	[0 0 1 0 0 0 0 0]	12	[0 0 0 0 0 0 1 0]
6	[0 0 1 1 0 0 0 0]	13	[0 0 0 0 0 0 1 1]
7	[0 0 0 1 0 0 0 0]	14	[0 0 0 0 0 0 0 1]

图 1-4　PIR 探测器的调制罩

由表1-2可知，当人在编号为1~14的区域运动时，系统会因为人在不同的区域而输出不同的编码，只需要对编码和实际的物理坐标做简单的对应即可实现人体定位。

3）目标方位感知

对于目标方位的感知，应用传感器+菲涅耳透镜的PIR探测器或传感器+菲涅耳透镜+调制罩的PIR探测器构成的PIR探测系统，都会感到比较困难。因为传感器+菲涅耳透镜类型的PIR探测器对于目标的探测距离不敏感，所以应用传感器+菲涅耳透镜类型的PIR探测器时，需要通过多探测点的多个PIR探测器探测发现的探测角或探测环的交叉来实现对目标探测距离的感知。对于如何应用传感器+红外透镜的PIR探测器，中北大学的研究团队提出了基于静态PIR单体探测器的入侵目标定位方法，所提出的热释电信号峰峰值时间差法可以实现静态PIR单体探测器前视目标的较准确的测距，还提出了目标斜切下的热释电信号峰峰值时间差法。针对静态PIR探测网域，提出了的静态PIR双探测器对瞄目标下的热释电信号峰峰值时间差综合法，可以实现静态PIR探测网域连接线上目标的较准确的测距。对于动态PIR探测网域，提出了多种基于动态PIR探测网域的入侵目标定位方法（方位探测角射线交叉定位法、四分程四分区快速定位法、方位角方程联立求解定位法）针对动静态组合PIR探测网域，提出了静态PIR探测网域定位和动态PIR探测网域定位信息共享和融合的新定位方法。

4）目标运动特征感知

关于用PIR探测器感知目标的运动特征的研究，主要针对人体目标展开。例如，清华大学的杨靖等利用装有球形菲涅耳透镜的单只PIR传感器探测受试者的动作形态信息并通过一种寻峰检测算法实现对原地踏步与跳跃两种动作的识别的研究[26]、天津大学的步态识别研究[37-41]和武汉理工大学的人体跌倒状态实时检测研究[42-48]都属于用PIR探测器感知目标的运动特征的研究。这些研究都是用了传感器+菲涅耳透镜的PIR探测器或传感器+菲涅耳透镜+调制罩的PIR探测器构成的PIR探测系统来采集人体运动的PIR信号。一般的研究步骤是：搭建PIR实验数据采集系统，通过预设人体运动实验采集实验数据并建立人体运动实验数据库，应用信号分析方法提取人体运动特征，应用智能优化分类方法进行分类识别，应用信息融合方法对多个分类识别信息进行信息融合从而得出感知结论。以天津大学研究团队的研究为例，其工作可归纳为3个步骤。① 搭建了基于红外热释电传感器的人体红外信息采集系统。硬件主要包括热释电红外传感器、菲涅耳透镜、信号调理电路和数模转换装置。数据采集软件是在LabVIEW环境下实现的。② 建立了人体步态红外热释电数据库，设计了两套实验方案：一是采集16人的4种状态（慢速、中速、快速和中速抱球）步态PIR数据，共640个样本；二是采集15人的6种动作（走、跑、跳、捡、踢、攀爬）PIR数据，共计900个数据样本。③ 对人体步态红外热释电数据库的数据进行特征提取和身份识别处理。已尝试过多种方法：提取了时域信号的 AR 系数；时域信号作傅里叶变换，提取其频谱特征，并应用了主成分分析（PCA）方法进行降维处理；采用支持向量机（SVM）进行身份识别；采用小波包分析法提取特征（采用 db4 小波函数对时域信号进行 5 层小波包分解，提取各频带的小波包系数和小波包能量作为特征参量）；采用聚类算法的分类器对不同动作的热释电信号进行分类识别；采用分层次识别方法对动作数据进行分层识别；提出了分层次提取不同特征进行分类的方法。

5）智能优化分类和信息融合方法

从人体运动的 PIR 信号中进行目标的运动特征感知，实际上是一项非常困难的工作。如果没有现代科技中涌现的智能优化分类和信息融合这样的人工智能方法，从一眼看来毫无规律的 PIR 信号中识别出目标的运动特征，是一件不可能完成的事情。常用的智能优化分类有主成分分析方法、相关分析（CCA）和支持向量机。常用的信息融合方法有证据理论（DS）。

应该指出，尽管从人体运动的 PIR 信号可以靠智能优化分类和信息融合方法完成目标的运动特征感知任务，但是在实际中应用这些方法的可能性不容乐观。主要因为依靠有限的没有通用性的数据库训练好的智能优化分类和信息融合算法只能保证成功识别与数据库类似的数据，完全无把握识别所用数据库不能代表的实际数据。

第2章 动静态PIR探测器探测网域的建立

2.1 PIR传感器

2.1.1 红外辐射理论

自然界中，温度高于绝对零度的所有物体都以电磁波的形式向外界辐射能量，不同物体具有不同的辐射波长。辐射波长在 0.75 ~ 1000 μm 范围内的辐射波被称为红外光波。红外辐射即红外线，与其他电磁波一样，也具有反射、散射、折射、干涉、吸收等性质。红外辐射的最大特点是光热效应，它能辐射热量，红外辐射区是光谱中光热效应最大的区。不同物体的红外光热效应也不相同，散发的热能强度也不同，其中有黑体（能全部吸收投射到它表面的红外线的物体）、镜体（能全部反射投射到它表面红外线的物体）、透明体（投射到它表面红外线能全部透过的物体）、灰体（部分反射或部分吸收红外线的物体），它们将产生不同的光热效应。严格来说，自然界根本不存在绝对黑体、镜体或透明体，绝大多数物体属于灰体。人体是一个典型的红外光波辐射源，许多具有热量的物体都可看成是红外光波辐射源。

典型的红外辐射理论主要包括基尔霍夫定律与普朗克分布定律。基尔霍夫定律表明，在一定温度下，若物体达到热平衡，其辐射本领正比于吸收本领，即发射率等于吸收率($\varepsilon = \alpha$)。根据能量守恒定律，有

$$\alpha + \gamma + t = 1 \tag{2-1}$$

式中：α 为吸收率；γ 为反射率；t 为透射率。

发射率代表物体热辐射本领，黑体的发射本领最大，其他物体的发射本领需通过与黑体的比较得知。这个比较系数就是发射率（也称为比辐射率）。正常人体的辐射本领与 310K 的黑体相当，因此发射率约为 0.99，所以人体具有很高的辐射能力，可看作黑体。

普朗克分布定律表明不同温度下黑体辐射出的能量与波长的关系，其数学表达式为

$$E_{b\lambda} = \frac{C_1 \lambda^{-5}}{e^{C_2/\lambda T} - 1} \tag{2-2}$$

式中：$E_{b\lambda}$ 为黑体辐射出度（$W/(m^2 \cdot \mu m)$）；C_1 为第一辐射常数，$C_1 = 3.7415 \times$

$10^8 \text{W} \cdot \text{cm}^{-2} \cdot \mu\text{m}^4$；$C_2$ 为第二辐射常数，$C_2 = 1.43879 \times 10^4 \mu\text{m} \cdot \text{K}$；$\lambda$ 为波长（μm）；T 为绝对温度（K）。

将式（2-2）中波长进行 $0 \sim \infty$ 的积分，可以得到斯忒藩 - 玻耳兹曼定律的表达式：

$$E_b = \sigma T^4 \tag{2-3}$$

式中：E_b 为黑体全辐射度（W/m^2）；σ 为斯忒藩–玻耳兹曼常数，$\sigma = 5.6697 \times 10^{-8} \text{W}/(\text{m}^2 \cdot \text{K})$。

斯忒藩–玻耳兹曼定律表示，黑体全辐射度与其绝对温度值的四次方成正比。

由于目标、背景和探测器都包裹在大气中，并且探测器与目标又有一定距离，因此大气就不能近似看成一个完全透明的系统。大气对红外辐射的影响主要有两个，大气的透过率和辐射。其中透过率是大气对红外辐射的吸收造成的影响，辐射是大气自身发射红外辐射造成的影响。

大气透过率定义为电磁波穿过一段大气之后的功率与原始功率之比，即

$$\tau = \frac{L_{\text{des}}}{L_{\text{src}}} \tag{2-4}$$

式中：L_{src} 为传输之前的辐射亮度；L_{des} 为传输之后的辐射亮度。

显然，目标与探测器之间的距离越长，目标的透过率越低。可以通过定义消光系数考虑分离距离对大气透过率的影响，即

$$\tau(r) = e^{-ar} \tag{2-5}$$

式中：$\tau(r)$ 为传输距离为 r 时的透过率，r 为传输距离；a 为传输介质的消光系数。

根据红外辐射理论，可得到以下有用知识。

关于人体热辐射：人体热辐射发射率的均值可达 0.99，因此可看作黑体。室内环境在 21℃ 时人体表面皮肤温度约为 32℃，平均辐射强度为 93.5W/sr，约有 32% 的人体辐射在 $8 \sim 13 \mu\text{m}$ 的波段，1% 在 $3.2 \sim 4.8 \mu\text{m}$ 的波段。

关于地面热辐射：白天有两种热辐射，一是地面自身的热辐射，二是地面反射和散射的太阳辐射。两种热辐射叠加后的波段峰值在 $0.5 \mu\text{m}$ 和 $10 \mu\text{m}$ 两处。夜间时，地面热辐射呈现出与其温度相同的灰体光谱分布。

关于天空热辐射：天空小于 $3 \mu\text{m}$ 的辐射是天空对太阳辐射的散射，大于 $3 \mu\text{m}$ 的辐射是天空热辐射，天空的辐射强度与大气温度和视线仰角有关。

2.1.2 热释电效应

自然界中某些晶体内部会产生固有的自身电极化现象，通常并不显出外电场，但是当其温度发生变化时，晶体自己极化强度也随之发生变化，在晶体表面就会出现热释电电荷。当晶体的温度变化足够快的情况下，内部或外界电荷不能及时中和热释电电荷时，晶体会显示出电场，这种晶体随温度变化改变自身极化

强度而产生电荷的现象就是热释电效应。热释电效应的形成原理如图 2-1 所示。

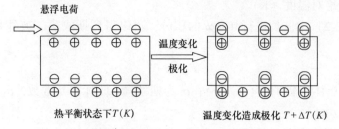

图 2-1　热释电效应的形成原理

　　热释电晶体由极性分子组成，自身存在极化现象，其极化强度的排列使靠近极化时两侧的表面聚集电荷，但是在热平衡状态下，这些束缚电荷被等量的相反极性的自由电荷所屏蔽，所以热释电晶体在热平衡状态下对外界不显示电场的作用。但是当温度改变时，其极化强度发生改变，先前的自由电子不能完全中和束缚电荷，于是晶体表面出现自由电荷，在附近空间形成电场，通过与外电路连接即可观测到电流。温度升高与温度下降两种情况下电流方向相反。热释电效应就是热释电晶体中极化改变后由于对自由电荷的吸引能力发生变化时的相应表面自由电荷增加或减少从而出现电流的现象。

2.1.3　PIR 传感器

　　PIR 传感器，常简称为 PIR 传感器。PIR 传感器是利用热释电效应检测目标辐射的红外线，并将其转换为电压信号输出的传感器。

　　PIR 传感器只在温度随时间的变化时有输出，并不是响应于温度值本身。进行目标探测时，PIR 传感器的热电转化过程需要经过 3 个步骤：① 热释电晶体表面吸收的辐射功率 W 导致晶体温度发生变化 ΔT，即 $W \rightarrow \Delta T$；② 晶体温度变化导致热释电晶体表面电荷的变化，即 $\Delta T \rightarrow \Delta Q$；③ 热释电晶体电荷改变导致压降，即 $\Delta Q \rightarrow V$。

　　PIR 传感器大多由密封在管壳内的敏感元件、场效应管、偏置电阻以及管壳上对入射的光信号起到过滤作用的滤光片组成。

　　敏感元件主要是由热释电材料制成，是 PIR 传感器的核心元件。热释电敏感元件按其材料的形态可以分为单晶、陶瓷和薄膜 3 类。

　　单晶体主要包括硫酸三甘钛（TGS）、铌酸锶钡（SBN）和钽酸锂（LiTaO₃）等。TGS 晶体较早就被用于制备 PIR 传感器，其具有热释电系数大、介电常数低和红外相应灵敏度高等优点，但是存在的居里温度低和易退极化等缺点限制了其应用。SBN 晶体具有热电性强、光电效应强及光波斩变效应强的优点，但其自发极化强度随着交变电场作用下极化反转次数的增加而逐渐减小，使得与极化有关的晶体物理性质的稳定性降低。LiTaO₃ 晶体具有热释电系数小、介电损耗很小、探测率优值较高、适用温度范围广、不退极化、物理和化学性能稳定，以及对湿度不敏感等特点，因此其在精确测量的场所已得到广泛应用。

陶瓷材料主要包括锆钛酸铅（PZT）和钛酸铅（$PbTiO_3$）等。PZT 是陶瓷的多晶结构，具有热释电系数大、居里温度高、稳定性高、容易制作大尺寸材料并且可以通过掺杂改变陶瓷的性能适应器件要求的特点，所以现在已经得到广泛应用。

常用的薄膜材料是聚偏二氟乙烯（PVF_2）和聚亚乙烯氟（PVDF）等。PVDF 外表类似于聚乙烯，其居里温度高、价格便宜、性能柔软、容易获得大薄片又不需要其他工艺、比侧率高、介电消耗小，是制作廉价传感器的重要候选材料。但是其探测优值因子低，热释电系数低，强度不够，不易和微电子技术兼容。

敏感单元常使用的热释电材料是 PZT。PZT 在极化处理前，晶体内的自发极化的电筹按任意方向排列，自发极化作用相互抵消，其内部极化强度为零，如图 2-2（a）所示。当给其施加外电场时，电筹自发极化方向与外电场方向一致，如图 2-2（b）所示。当外电场消失后，各电筹的自化极化改变，一定程度上按外电场方向取向，其内部自发极化强度不再为零，如图 2-2（c）所示。极化好的陶瓷片两端出现束缚电荷，在这些束缚电荷的作用下陶瓷片的电极表面也会很快吸附来自外界与之电荷极性相反且数值相等的自由电荷，因此 PZT 片依旧表现电中性。

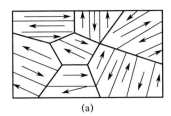 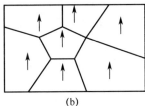 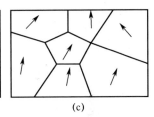

图 2-2　热释电陶瓷的极化过程

（a）未极化的陶瓷；（b）极划中的陶瓷；（c）极化好的陶瓷。

当对 PZT 片施加一定的红外辐射时，陶瓷片温度升高，片内的束缚电荷距离改变，电筹将发生偏转，有一部分自由电荷被释放出来而出现放电现象。当其温度改变后，极化需要达到新的平衡，但其需要一定的时间，所以热释电电荷对温度变化的响应不是瞬时的，会表现出热电弛豫现象。如果令温度改变 ΔT，相应的热弛豫时间为

$$\tau'_T = \frac{L^2 C'}{\sigma_T} \tag{2-6}$$

式中：C' 为单位体积的热容；σ_T 为热导率（$W \cdot m^{-1} \cdot K^{-1}$）；$L$ 为传热方向的长度（m）。

PIR 传感器的响应率依赖于热时间常量及电时间常量两个时间常量。热电体

有一定的热容，其热时间常量为

$$\tau_T = \frac{C}{G} \tag{2-7}$$

式中：C 为热容（$\text{J} \cdot \text{K}^{-1}$）；$G$ 为对外界的热导（$\text{J} \cdot \text{m}^{-1} \cdot \text{K}^{-1}$）。热时间常量反映了热电体与外界达到热平衡的速度。热弛豫时间表示的是元件本身内部达到热平衡的时间，而热时间常量表示的是元件与外界达到热平衡的时间，所以两者是不同的。

电时间常数除与热电元件自身有关外还与后接的高输入阻抗放大器有关。设热电元件自身电容为 C_x，放大器输入电阻和电容分别为 R_g 和 C_g，则电时间常数可以表示为

$$\tau_E' = R_g(C_x + C_g) \tag{2-8}$$

设入射辐射功率为 W，η 为 W 被吸收的百分率，则：

$$\eta W = M \frac{\mathrm{d}T}{\mathrm{d}t} + G\Delta T \tag{2-9}$$

如果入射辐射可视为 $W = W_0 \exp(\mathrm{j}\omega t)$，则式（2-9）可变为

$$\Delta T = \eta W_0 (G + \mathrm{j}\omega M)^{-1} \exp(\mathrm{j}\omega t) \tag{2-10}$$

产生的热电电荷为

$$q = pA\Delta T \tag{2-11}$$

式中：p 为热电系数；A 为灵敏元的有效面积。

PIR 传感器主要由密封在热释电管壳内的传感器探测元、场效应管及滤光片三部分组成。目前，市场上常见的 PIR 传感器基本上都是采用 TO-5 型金属封装。PIR 传感器按其内部敏感单元的个数可分为单元 PIR 传感器、双元热释传感器及四元热释电传感器 3 种。

最常见及使用最广泛的为双元 PIR 传感器，其实物图如图 2-3 所示。

双元 PIR 红外传感器电路结构如图 2-4 所示。该传感器对外共 3 个接线端，D 接电源正极，G 接电源负极，S 接信号输出。双元热释电传感器的等效电路如图 2-5 所示。

图 2-3　PIR 传感器实物图

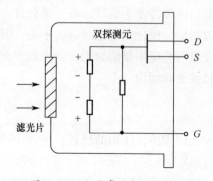

图 2-4　PIR 传感器电路结构图

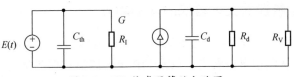

图 2-5 PIR 传感器等效电路图

传感器内部存在 2 个反向串联的电极，最终输出的信号是 2 个电极产生的信号差值，目的是消除环境和自身变化引起的干扰。当 PIR 传感器感知区域内出现 ΔT 的温度变化，两个电极便会产生电荷 ΔQ。当没有目标进入传感器的感知区时，两个电极接受的温度相同，因此不会产生电压差；当有目标进入感知区时，会造成两电极感知的温度存在差异，因此会产生电压差，使传感器有信号输出。

以常用的 PIR 传感器村田 IRA-E700 型双元 PIR 电传感器为例。它具有高灵敏度和极佳的信噪比，在温度变化时具有高稳定性，可以探测轻微运动，对外部噪声（振动、射频干扰（Radio Frequency Interference，RFI）等）具有高抗干扰能力，其性能参数见表 2-1。

表 2-1 IRA-700 型 PIR 传感器性能参数

参 数	IRA-E700ST1	IRA-E710ST1
灵敏度（500K、1Hz）	4.3mV（峰峰标准值）	
视域	$\theta_1 = \theta_2 = 45°$	
光学滤波器	5μm 波通	
电极	$(2.0 \times 1.0\text{mm}) \times 2$	
电源电压	2～15V	
工作温度	$-40 \sim 70℃$	
储存温度	$-40 \sim 85℃$	

此 PIR 传感器对 6～12μm 波长范围的辐射反应灵敏，其滤光片的光谱响应范围如图 2-6 所示。

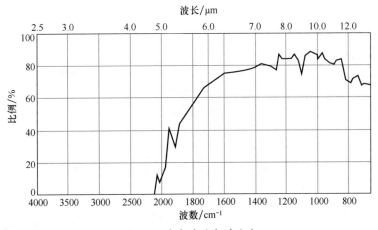

图 2-6 滤光片的光谱响应

2.1.4　PIR 传感器对人体目标的探测响应

图 2-7（a）和图 2-7（b）分别为双元 PIR 传感器目标探测视场空间示意图及平面示意图。从图中可以看出，双元 PIR 电传感器在探测空间形成两块探测视区，在探测视区以外均为探测盲区。图 2-8 为目标通过探测节点过程示意图。

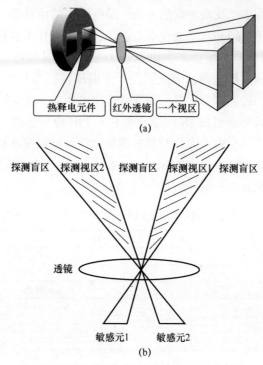

(a)

(b)

图 2-7　双元 PIR 传感器目标探测视场示意图
（a）传感器探测视场空间示意图；（b）传感器探测视场平面示意图。

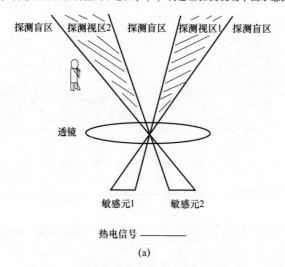

(a)

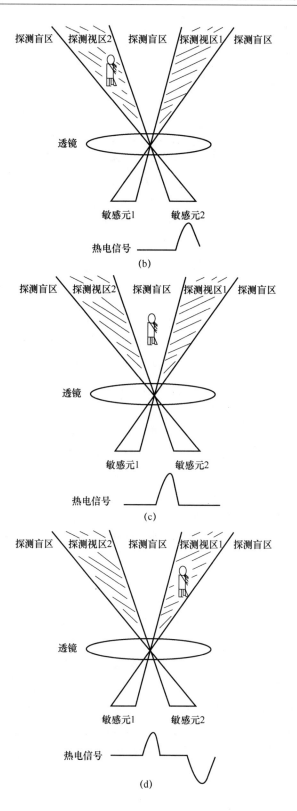

(b)

(c)

(d)

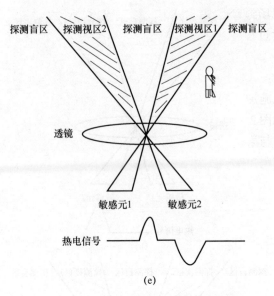

探测盲区　探测视区2　探测盲区　探测视区1　探测盲区

透镜

敏感元1　　敏感元2

热电信号

(e)

图 2-8　目标通过探测节点过程示意图

(a) 未进入探测视区；(b) 进入探测视区2；(c) 从探测视区2进入盲区；
(d) 从盲区进入探测视区1；(e) 走出探测视区1。

从图 2-8 可以看出，目标通过探测节点的过程可划分为 5 个阶段，目标在每个阶段运动时信号产生的机理如下：

第一阶段，如图 2-8 (a) 所示，此时目标（人员）未进入探测视场，目标红外辐射不会被传感器探测到，此时传感器输出的热电信号仅与探测视场气流波动有关，在风级较小时，两敏感元处于热平衡状态，其上产生的感应电荷相互抵消，对外无热电信号输出，表现为一条直线。

第二阶段，目标（人员）进入并通过敏感元 2 所构成的探测视场阶段，如图 2-8 (b) 所示，在此阶段，目标红外辐射能够被传感器所探测，传感器输出的热电信号是目标与环境共同作用的结果。敏感元 2 感知经滤光片透过的人体红外辐射信号，所以当目标（人员）处于敏感元 2 所构成的探测视区时，其上将感应出较仅以环境为背景时数量多得多的电荷，而敏感元 1 上所感应的电荷与第一阶段相同。其中目标通过敏感元 2 所构成的视场阶段还可再分 3 个更小阶段。第一阶段，目标从盲区进入视场 2 阶段。此时，目标的侵入使视场 2 内热辐射呈现逐渐增加的趋势，敏感元 2 上将感应出逐渐增多的电荷，输出信号为一段上升曲线。第二阶段，目标在视场 2 内运动阶段，此时，目标已完全处于探测视场之内，目标辐射能量达到最大值。敏感元 2 上所感应的电荷水平达到最大值，外在输出信号幅值达到最高点。第三阶段，目标从视场 2 进入盲区的阶段。随着目标逐渐退出视场，视场 2 内热辐射能量逐渐减少，敏感元 2 感应出的电荷量逐渐减少，输出信号为一段下降曲线。

目标从进入视场到退出视场是一个连续的过程，因此3个子阶段内所产生的信号也是一个连续过程，从图2-8（b）可以看出，在第二阶段运动时，输出信号类似正弦函数正半轴曲线。

第三阶段，如图2-8（c）所示，目标由视场2进入盲区，此时，目标的热辐射不会对两敏感元施加任何的影响，其外在输出信号表现为一条直线。

第四阶段，如图2-8（d）所示，目标从盲区进入视场1，此时，目标对敏感元1所施加的影响与第二阶段目类似，对外输出类似正弦函数负半轴曲线。

第五阶段，如图2-8（e）所示，目标退出探测视1场并再次进入盲区，此时信号输出与第一、三阶段完全一致，表现为一条直线。

目标（人体）通过传感器的5个阶段整体来看，完整的人体热电信号如图2-9所示。

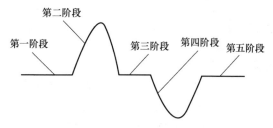

图2-9　目标（人体）通过PIR电传感器视场输出热电信号示意图

2.2　用于入侵目标探测的静态 PIR 探测器

2.2.1　加菲涅耳透镜的 PIR 探测器

人体辐射的红外能量相当微弱，而PIR电传感器的探测距离较近，一般只有1～2m，因此为了提高其探测灵敏度，需要在传感器的前面加上一套光学装置。最常见的光学装置为菲涅耳透镜。

菲涅耳透镜是由聚丙烯材料根据对接收灵敏度和接收角度的要求制造而成的薄片，好的菲涅耳透镜纹理清晰、表面光洁，厚度大约在0.65mm，并且对红外光的通透力强，透光率能大于65%。菲涅耳透镜是一种精密的光学系统，在使用时必须严格按照要求安装在外壳上，并且仔细调整焦距才能获得最佳效果。

菲涅耳透镜主要有两方面作用：一方面把人体辐射出的红外线聚集到PIR传感器的敏感元件上，从而加大探测的距离；另一方面能将入射的红外线做周期性的遮断，使PIR传感器输出连续信号。菲涅耳透镜是由多个透镜组成的光学阵列，阵列中各个透镜的光轴有不同的指向，却使红外热量汇聚在PIR传感器的敏感元件上。菲涅耳透镜聚光原理图如图2-10所示。

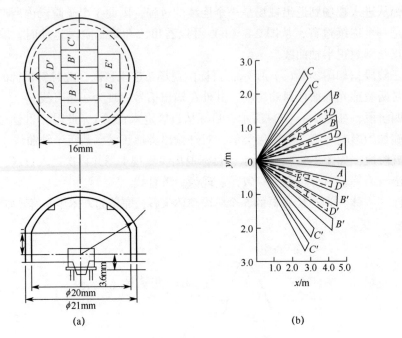

(a)　　　　　　　　　　(b)

图 2-10　菲涅耳透镜原理图

（a）PIR 传感器使用原理图；（b）视场角原理图。

PIR 电传感器在加上配套的菲涅尔透镜后，PIR 电传感器从原来仅能检测 $1 \sim 2\mathrm{m}$ 加大到了 $15 \sim 20\mathrm{m}$，最远的能达到 $40\mathrm{m}$。但是随着距离的增加，其视场角也不断减小，在达到 $40\mathrm{m}$ 时其视场角大约为 $8°$。

2.2.2　加红外透镜的 PIR 探测器

加菲涅耳透镜的 PIR 探测器比较常见，但是还是不能满足有更远探测距离要求的工程应用场合需要。于是，加红外透镜的 PIR 探测器应运而生。加红外透镜的 PIR 探测器结构，包括 PIR 传感器、红外透镜和铝制套管 3 个部分，如图 2-11 所示。通过这套装置，可使被探测的光线经过红外透镜再投射在 PIR 电传感器上。

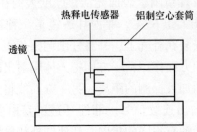

图 2-11　加红外透镜的 PIR 探测器结构示意图

红外透镜比菲涅耳透镜有更高的红外能量通透率，并且红外透镜大小、尺寸及其焦距都可以根据不同需求来定做。红外透镜的加工材料一般是使用的锗或者硅。选用是锗材料做成的平凸透镜，其对红外光的透过率可达99%以上。

由于每个热释电的敏感元件的面积只有 $2 \times 1\text{mm}^2$，经过透镜聚焦作用后能投射到元件敏感元上的现场景物就局限在一个漏斗形的空间中。换言之，PIR 传感器仅能探测到这个漏斗形空间内的目标，这个漏斗形空间就是热释电元件的视场。

加红外透镜的 PIR 探测器的光学视场的视场角的大小取决于镜头焦距的设计如图 2-12 所示。焦距越小，视场角就越大；焦距越大，视场角越小。一般在探测近距离大范围内的目标时使用较短焦距的透镜，在探测远距离的目标时一般使用长焦距的透镜。

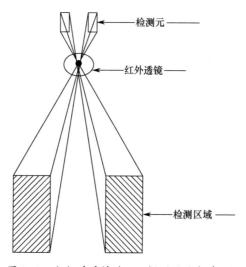

检测元

红外透镜

检测区域

图 2-12　加红外透镜的 PIR 探测器的光学视场

如图 2-13 所示，若所使用的红外透镜焦距为40mm，则其 PIR 探测的光学视场可用下述方法计算。

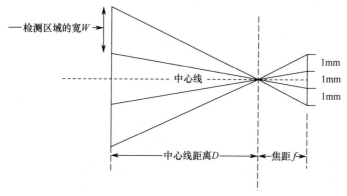

检测区域的宽W

中心线

1mm
1mm
1mm

中心线距离D

焦距f

图 2-13　探测区域的宽度计算示意图

设焦距 f 为 40mm。故检测区域的宽度为

$$W = \frac{D}{f} = \frac{D}{40} \tag{2-12}$$

如图 2-14 所示，探测区域的高度为

$$H = \frac{2D}{f} = \frac{D}{20} \tag{2-13}$$

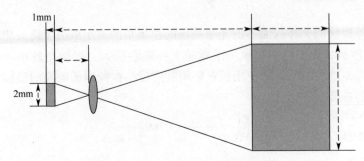

图 2-14 探测区域的高度计算示意图

探测区域的面积为

$$S = H \times W = \frac{D^2}{800} \tag{2-14}$$

探测区域面积与检测元面积之比为

$$r = \frac{D^2}{1.6 \times 10^{-3}} \tag{2-15}$$

物体在透镜平面的投影面积为 A，在给定距离 D 时，在检测元上的成像大小为

$$A' = \frac{A}{r} = \frac{A \times 1.6 \times 10^{-3}}{D^2} \tag{2-16}$$

式中：D 的单位为 m；A 的单位为 m^2。

2.2.3 两种加透镜的 PIR 探测器的性能比较

在使用不配透镜 PIR 传感器的情况下，其最大探测距离不会超过 5m。考虑两种加透镜的 PIR 探测器：一种是加菲涅耳透镜；另一种是加红外透镜。两种透镜的实物图如图 2-15 所示。表 2-2 是两种加透镜的 PIR 的性能对照表。

由于红外透镜的红外光透过率及聚焦能力都远远高于菲涅耳透镜，而且菲涅耳透镜对红外信号的调制作用明显降低了探测到的红外能量，因此加红外透镜的 PIR 的探测距离要远远大于加菲涅耳透镜的 PIR。后述的实验案例表明：加红外透镜的 PIR 探测器可以探测到 50m 外的人员以及 80m 外的车辆，明显提高了 PIR 探测器的感测距离。

(a)　　　　　　　　　　　　　(b)

图 2-15　透镜实物图

(a) 菲涅耳透镜；(b) 红外透镜。

表 2-2　两种加透镜的 PIR 探测器性能比较

PIR 探测器性能	加菲涅耳透镜	加红外透镜
探测视场角	一般大于 100°	一般小于 10°（取决于焦距）
探测距离	探测距离短，一般为 10m	探测距离远，一般大于 50m
目标定位方法	区域定位	点定位
材质	聚丙烯材质	锗材质，具有很强的透射性、可加工性和灵敏度

2.3　用于入侵目标探测的动态扫描 PIR 探测器

2.3.1　动态扫描 PIR 探测器及一种典型基站

　　用于入侵目标探测的 PIR 探测器，通常都是被预先安置在一个固定位置，正如上一节所述的 PIR 探测器，被称为静态 PIR 探测器。入侵目标的探测过程是一个静态 PIR 探测器探测活动入侵物体的过程。本节将要描述的是用于入侵目标探测的动态扫描 PIR 探测器。这个特别的 PIR 探测器，被安置在固定的探测基站上，但是在入侵目标探测过程中，它可以像可转动的眼睛一样，扫视入侵目标可能存在的场景，因此这个特别的 PIR 探测器被称为动态扫描 PIR 探测器。

　　相对于静态 PIR 探测器，动态扫描 PIR 探测器最大的优势在于视角的任意扩展性。单个静态 PIR 探测器的视角是有限的，如 2.2 节所述的两种静态 PIR 探测器——加菲涅耳透镜的 PIR 探测器和加红外透镜的 PIR 探测器，前者视角最大可达 100°，后者视角则小于 10°。因为加菲涅耳透镜的 PIR 探测器的探测距离较短，所以不适用于探测较远距离的目标。若用加红外透镜的 PIR 探测器，则因视角小当探测较大视角场时需要用很多的 PIR 探测器，并且当实际所能用 PIR 探测器的个数有限制时，视场不可避免地会存在视角盲区。然而采用动态扫描 PIR 探测器，则可轻松地解决视场探测无盲区的问题，甚至可以做到 360°视场探测无盲区。

图 2-16 是一种典型的动态扫描 PIR 探测基站装置实物图。该装置应用了四象限 90°往复扫描的设计方案。在一个可转动的探测柱上安置了 4 个加红外透镜的 PIR 探测器。该探测柱由电机驱动，进行 90°往复式的匀角速度转动。用该动态扫描 PIR 探测基站就可实现 360°无视角盲区的红外探测，探测半径约 50m。

图 2-16　一种典型的动态扫描 PIR 探测器装置实物图

这个实际研制的 PIR 探测基站是一个动静态结合的 PIR 探测基站。该基站安置了 8 个 PIR 探测器：4 个动态扫描 PIR 探测器和 4 个静态 PIR 探测器。4 个动态 PIR 探测器安置在可转动的探测柱上，并且探测方向是两两相互垂直，构成十字形阵列，如图 2-17 所示。4 个静态 PIR 探测器被安置在探测基站的非转动的机架上，也是探测方向两两相互垂直，构成十字形阵列布置。因为所用的加红外透镜的 PIR 探测器的可视角为 3°，所以静态传感器阵列的探测区域为 4 个锥柱形空间，如图 2-18 所示。以下暂且不论静态 PIR 探测器部分。

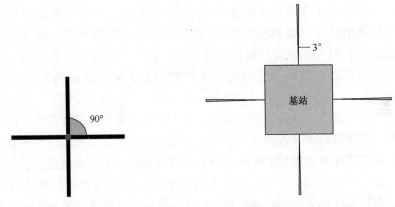

图 2-17　动态 PIR 布置为十字形阵列结构　　图 2-18　静态 PIR 阵列探测指向和视角

四象限 90°往复扫描设计方案的优点可归纳如下：

（1）相对于采用 360°单向扫描方案，90°往复扫描方案具有更快的探测速度，因为 360°单向扫描一次的时间是 90°扫描时间的 4 倍；

（2）采用 90°分区扫描，对入侵目标的定向更准确、更快捷，一旦确定有目标出现，立刻可判定该目标处在哪个象限；

（3）采用 90°往复摆动式扫描探测可显著提高动态扫描探测的灵敏度和准确性。因为动态扫描探测时必然存在目标运动和探测运动的相对运动，而这种相对运动将严重影响动态扫描探测的灵敏度和准确性。往复摆动式扫描探测将可以通过数据优化处理大大降低相对运动探测造成的负面影响。

2.3.2　动态扫描 PIR 探测基站的结构组成

一种动态扫描 PIR 探测基站的原理性典型结构如图 2-19 所示。该系统由 PIR 传感器阵列模块、光学模块、探测转动柱模块、信号采集和调理模块、信号控制和无线收发模块以及电源模块组成。

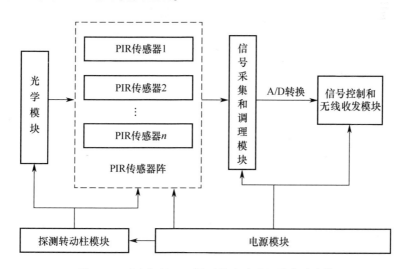

图 2-19　动态扫描 PIR 探测基站的原理性典型结构

图中，光学模块指红外透镜部分。使用红外透镜可显著提高探测距离，并且它仅仅完成的是对目标辐射能量的聚集，不会改变输出信号的原始形状，有利于信号细节信息的分析。红外透镜视场角取决于焦距的长短，焦距越短，视场角越大，焦距越长，视场角越小。在实际使用中，焦距值根据需要进行选取。一般在探测近距离大范围内的目标时使用短焦距的透镜，在探测远距离的目标时一般使用长焦距的透镜。本研究选用直径为 22mm，焦距为 44mm 的红外透镜。

探测转动柱模块由步进电机、光电开关和转盘 3 部分组成。步进电机提供转盘的转动动力，光电开关用于给出转盘转动的象限边界信号，作为信号采集的起点和终点，转盘采用铝材料，可以减轻转盘的重量。

信号采集和调理模块主要用于传感器信号的放大、滤波和 A/D 转换。

信号控制模块和无线收发模块用于传感器测量值的数据处理和与其他探测基站的数据交换和数据融合计算。其数据处理算法参见第 3 章和第 4 章。

2.3.3 传感器信号采集和调理模块

PIR 传感器的原始输出信号输出一般非常微弱，且容易淹没在噪声中，因此必须利用带有放大、去噪功能的信号调理电路进行预处理。由于有用的热释电信号是叠加在一个较大直流分量上的交流分量，而每个传感器由于制作工艺的差异，导致输出的直流分量大小也不同，大约在 400 ~ 800mV 之间。直接放大的直流分量会导致波形的饱和，所以必须隔直，并且利用具有高输入阻抗、低输出阻抗、强抗共模干扰能力、低温漂、低失调电压和高稳定增益等特点的仪表放大器。另外，目标的红外信号属于低频信号，一般都在 0.6 ~ 1.2Hz 之间，所以需要对信号进行滤波处理。图 2-20 为一种 PIR 信号调理电路的典型原理框图。该电路先用一阶高通滤波器，滤除频率低于 0.6Hz 的信号，经运放后再通过一个 5 阶低通滤波器，滤除高频信号。

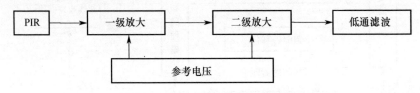

图 2-20 PIR 信号调理电路的框图

该电路中用 AD8571 仪用运算放大器进行第一级放大，主要作用是用来隔离热释电原始信号中的直流分量，并且给信号提供一个基准电压。一般第一级放大器的增益设定为 1，但当第二级放大器放大倍数过大的情况下也可以用第一级放大器对信号进行放大。第二级放大则采用仪器运算放大器 AD627BR，AD627BR 是一种低功耗的仪器放大器，可以采用单、双两种电源供电，具有出色的交流和直流性能，工作时最大功耗电流仅为 85μA。AD627BR 使用两个反馈环路构成仪表放大器，采用电流反馈电路与内级前馈补偿电路耦合的结构，所以具有很好的共模抑制比。放大后的信号再通过低通滤波进一步消除噪声信号。低通滤波器选择的是 LTC1062。LTC1062 是一种 5 阶、零直流误差、能全极点实现的低通滤波器。图 2-21 是具体的 PIR 信号调理电路原理设计软件截图。

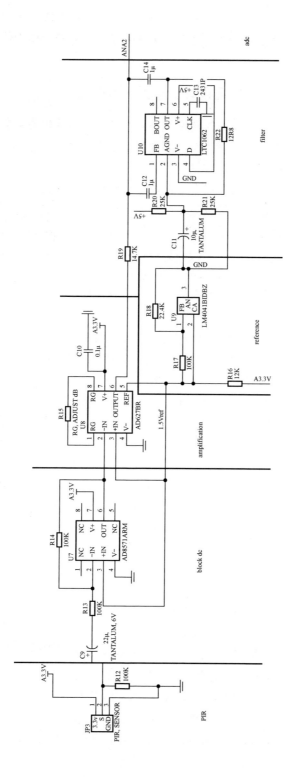

图2-21 PIR信号调理电路原理设计软件截图

2.4　PIR 探测网域的感知原理和网域自动布局探讨

2.4.1　PIR 探测网域的布局设计优化原则和性能指标

基于 PIR 传感器的入侵目标探测网域布局设计需要考虑的设计目标是探测准确、不漏探、不误探以及单位探测面积的探测成本小，也就是需用的探测传感器数量少和所需设立的探测基站点数量少。

为了探测准确，探测网域布局设计上需要考虑在规划的被探测区域内无探测盲区，并且考虑在同一被探测区域至少可被两个传感器探测到，即被探测区域是可被重复探测的。当目标可被重复探测时，目标探测被遗漏的概率就降低了。而且同一目标的重复探测信息经科学的信息融合算法处理后，还可提高目标定位的准确度。但是，探测网域的重复探测布局设计将会带来探测失误概率提升的问题。因为网格内区域被重复探测将会使实际的传感器探测区超过了网格边界，这将使本网格（网眼）内获得的探测信息包含了网格外区域目标的探测信息，极易造成目标探测的误判。因此，探测网的重复探测布局设计时，并不是重复探测区域越大越好，还须考虑过界探测区的大小。原则上，过界探测区越小越好。

探测网域的布局设计还应该考虑经济要素，即单位探测面积的探测成本。单位探测面积的探测成本可以用一个网格单元的探测传感器需用数量和网络节点的需用数量来衡量。

至此，基于 PIR 的入侵目标探测网域布局设计的优化原则可归纳如下：

（1）探测网域的网眼区域内无探测盲区；

（2）探测网域的网眼区域被重复探测区全覆盖；

（3）探测网域的网眼区域涉及的过界探测区域面积最小；

（4）探测网域的网眼区域相关的单位面积探测器需用量最少；

（5）探测网域的网眼区域相关的单位面积网络节点需用量最少。

为了便于分析和比较各种目标探测网域布局设计的优劣，可采用的探测网域性能指标如下：

（1）探测网域的网眼区域的探测盲区百分比；

（2）探测网域的网眼区域重复探测区百分比；

（3）探测网域的网眼区域涉及的过界探测区百分比；

（4）探测网域的网眼区域相关的单位面积探测器用量；

（5）探测网域的网眼区域相关的单位面积网络节点用量。

显然，5 项指标表征了探测网域的不同性能。探测盲区百分比表征探测网域的网眼区域探测盲区的占比，其数值越低代表盲区越小而有效探测区越大，可以说探测盲区百分比是探测网域的网眼区域范围有效性的体现。重复探测区百分比表征探测网域的网眼区域被重复探测的占比，该占比越高表示入侵目标被多个探测器探测到的概率越大，则漏探的概率越小，而且同一目标的多次探测的信息融合可以提高目标定位的准确度。过界探测区百分比表征探测网域的网眼区域涉及的过界探测区占比，该占比越低越好，因为过界探测区得到的探测信息本不应参与该网眼目标定位分析计算，若误算进去反而造成误探。单位面积探测器用量表征布设探测网域的网眼区域相关的经济成本特性，越低越好。单位面积网络节点用量也表征布设探测网域的网眼区域相关的经济成本特性，越低越好。

2.4.2 PIR探测网域感知原理

PIR探测网域由一定数量的PIR探测基站（网络节点站）组成，这些PIR探测基站被大致均匀地布置在需要监护的占一定面积的地面上。每个PIR探测基站都配置无线网络通信器，能保证该PIR探测网域内各基站之间的通信联系。每个PIR探测基站还可配置全球定位系统模块，如北斗定位系统，以便随时确定各基站的具体方位。每个PIR探测基站还可安装在可移动的机器人主控的小型无人车上，以便完成自动组建PIR探测网域。一般而言，能完成自动组建PIR探测网域自然以每个PIR探测基站都配置全球定位系统模块并安装在可移动的无人车上为前提条件。对于人工组建的PIR探测网域，需要在预设的每个网络节点位置上人工布设PIR探测基站。

一个PIR探测网域的最重要的功能是：该PIR探测网域覆盖面积内的各PIR探测基站可协同探测入侵目标并协同感知入侵目标的详细信息。PIR探测网域的各PIR探测基站协同感知入侵目标的过程建立在每一个网眼单元（网络最小感知单元）的协同感知基础上。所以PIR探测网域感知不是简单的网内所有PIR探测基站之间的简单协同感知行为的总和，而是网内所有网眼单元的协同感知行为的总和。每个网眼单元由数个PIR探测基站构成，严格地说，网眼单元（网域化最小感知单元）是由数个PIR探测基站的网眼侧部分的多个PIR探测器组成。以4动+4静的8个PIR探测器组成的PIR探测基站为例，该PIR探测基站的探测区域是一个360°无盲区的圆形区域，如图2-22所示。用N多个这种PIR探测基站可以构建四方形网眼的PIR探测网域。每个四方形网眼单元由4个PIR探测基站组成，严格地说，是由该网眼侧的4个动态PIR探测器和4个静态PIR探测器组成。

PIR探测基站的工作流程如图2-23所示。静态PIR探测器首先采集数据，将采集到的信号与所设阈值信号进行比较，当信号值超过阈值时即判断为有目标入侵，进而进行测距计算；然后报告目标发现角度值，发现时间和目标与基站间距离；最后动态PIR探测器将采集到的信号与背景信号进行帧差处理，将帧差后的信号与阈值信号对比，当信号超过阈值时即输出目标角度信息及发现目标的时刻信息。

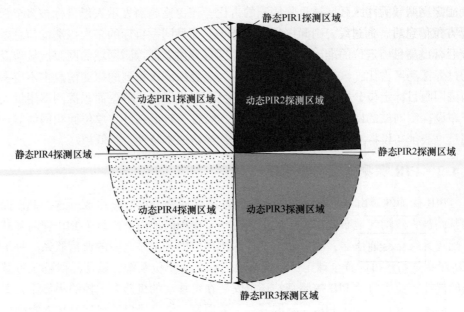

图 2-22　PIR 探测基站探测区域示意图

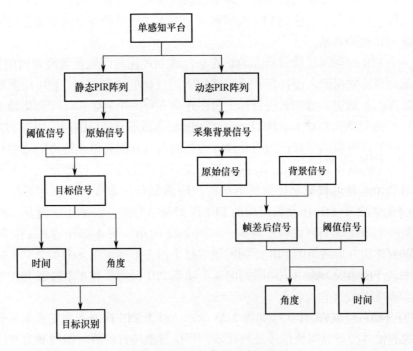

图 2-23　PIR 探测基站工作流程图

一个网眼单元（网络最小感知单元）的协同感知系统工作流程如图 2-24 所示。重点是把该网眼中各 PIR 探测器的探测数据汇集起来，并进行感知分析，从而确定网眼单元中入侵目标的具体方位。汇集了 PIR 探测网域中各网眼的入侵目标方位信息后，通过综合分析各网眼的当前信息和历史信息，还可进一步拟合入侵目标的轨迹方程，并对入侵目标的轨迹做出预测。

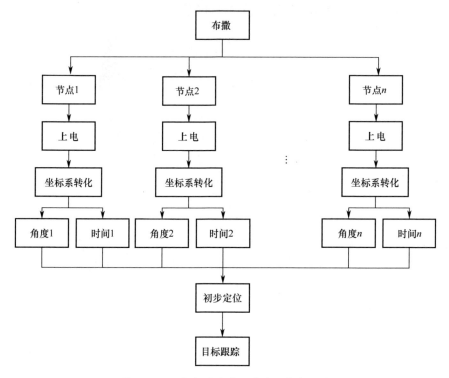

图 2-24   网域中网眼感知系统工作流程图

2.4.3 PIR 探测网域的自动布局

布设 PIR 探测网域可分人工和自动两种方式。当用人工的方式布设 PIR 探测网域时比较简单，采用一般的 PIR 探测基站作为网络节点即可，布设时只要把各 PIR 探测基站安设在规划好的网络节点位置上就可以。在较平坦的地面上，常采用等间距的定型网眼的网络节点布局，如四方形网眼型的网络布局。若用自动的方式布设 PIR 探测网域，则布设问题要复杂得多。首先，要配置有全球定位系统模块，并将其安装在可移动的无人车上的 PIR 探测基站；其次，要执行一个设计周密的自动布设流程。PIR 探测网域自动布设非常机动灵活，很适合战场传感器侦察系统的需求。

PIR 探测网域的自动布设流程可大致设计为 5 个步骤：① 每个 PIR 探测基站车自动驶向预定的网络节点位置；② 每个 PIR 探测基站启动自动寻北程序；③ 每个 PIR 探测基站依次启动声源定位程序；④ 按照布局优化要求调整部分 PIR 探测基站的当前节点位置；⑤ 确定各 PIR 探测基站的网络坐标。

每个 PIR 探测基站车自动驶向预定的网络节点位置，靠的是全球定位系统导航。考虑到实际地形不可预测的复杂情况，各 PIR 探测基站在自动导航执行过程完成后的实际位置不一定都准确到达指定位置，如图 2-25 所示，有的可能需要调整，甚至存在实际位置距指定位相差太远以至于该点布点失败的情况。

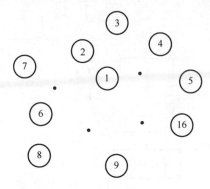

图 2-25　依据自动导航的自动布设

每个 PIR 探测基站启动自动寻北程序，是为了建立 PIR 探测网域的统一坐标体系的第一步，即统一对准 0°方向，如图 2-26 所示。各 PIR 探测基站先通过自身的电子罗盘自动寻找正北方向，再命令可移动的无人车，旋转相应角度，统一坐标轴方向。

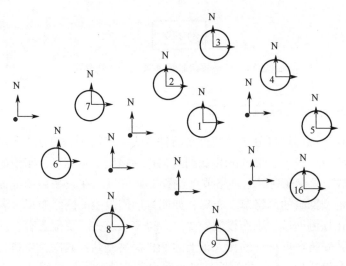

图 2-26　自动寻北程序执行后

每个 PIR 探测基站依次启动声源定位程序，是为了精确测定该 PIR 探测网域的各基站的相对具体方位。虽然现代的全球定位系统（GPS）已有相当高的定位精度，但是在局部地区应用声源定位系统也是一个快捷和实用的解决方案。该 PIR 探测网域将指定一个基站为声源定位中心站，测定每个依次发声的基站离中心站的距离，如图 2-27 所示。然后可确定每个 PIR 探测基站的系统坐标，如图 2-28 所示。至此，该 PIR 探测网域中的各网络节点都有了各自的坐标参数，该 PIR 探测网域的网络经纬坐标体系就构建完成了。

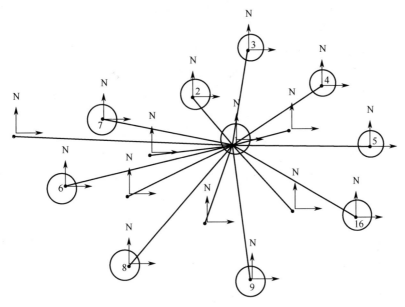

图 2-27　执行声源定位程序

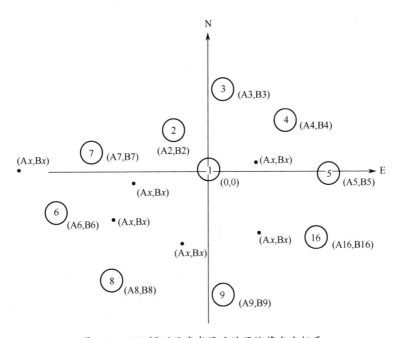

图 2-28　PIR 探测网域布设后的网络节点坐标系

2.4.4 网域最小感知单元的概念探讨

一个 PIR 探测网域由若干 PIR 探测基站组成，而一个 PIR 探测基站又是由若干个 PIR 探测器组成。那么，一个 PIR 探测网域的最小感知单位是不是一个 PIR 探测基站上的一个 PIR 探测器呢？答案是否定的。由前文叙述可知：一个静态 PIR 探测器只能探测到探测射线上的很小视角内的测定目标，有很大盲区；一个动态 PIR 探测器虽探测无盲区但仅能测出所扫描视区的目标发现角，不能定位。因此，一个 PIR 探测器所具有的探测能力是十分有限的，甚至不能完成在网络覆盖区域的对入侵目标的一个基本的定位任务。同样，即使是一个由若干个 PIR 探测器组成的 PIR 探测基站，也是如此，担当不了给入侵目标定位的任务。因此，可以认为一个 PIR 探测网域的最小感知单位至少是一个网眼单元，即一个由若干 PIR 探测基站组成的 PIR 探测网域的网眼单元。一个 PIR 探测网域可看成是由若干网眼单元组成，每个网眼单元都具有对入侵目标的定位功能。

当某个入侵目标穿过某个 PIR 探测网域时，将会被所经过的若干个网眼单元发现，此时该 PIR 探测网域的某个指定 PIR 探测指挥基站将入侵目标的网眼单元定位报告信息汇总并做出入侵目标的运动轨迹预测。

2.4.5 网眼单元节点的布局问题

一个由若干 PIR 探测基站组成的 PIR 探测网域的网眼单元是 PIR 探测网域的最小感知单元，承担着 PIR 探测网域对入侵目标基本的定位任务。为了准确、可靠并且低成本地完成探测任务，网眼单元节点布局的最优设计就是一个重要的问题。首先是一个网眼单元应当由几个节点组成；其次是这些节点该怎样布局。不难想象，选择节点多时，探测冗余度高、计算复杂且可能造成资源的浪费以及费用的增加。选择节点少时则有可能因探测不足而漏探。下面分析几种设计方案。

(1) 当网眼单元节点数 $N \geqslant 5$ 时，可构成六边形网眼感知单元，如图 2-29 (a) 所示。不难看出此种布局存在盲区，不能对感知区域进行全覆盖。若是布局为图 2-29 (b) 所示，则此种布局又能分解成两个方形网眼，不能算最小感知单元。

(2) 当 $N = 4$ 时，如图 2-30 所示，此种布局是方形网眼布局。由图可以看出，相邻节点之间构成交叉探测区域，只要目标入侵路径经过共同感知区，至少能保证有一个感知平台能感知到目标。当目标经过 4 个感知平台组成的网格区域，动态传感器的感知次数至少为 4 次，静态传感器的感知次数至少为 2 次。

(3) 当 $N = 3$ 时，三角形可以分为等边三角形、等腰三角形、不等边三角形等多种形式。三角形布设简单、灵活，能够构成封闭的区域，是最小感知单元数量最少的一种形式。在实际战场环境中，PIR 探测网域常被自动布设在某一区域。由于地形、地貌都无法预知，要选择移动距离少，组构调整时间短，且能满足感知单元对区域全封闭覆盖要求的布局形式，三角形布局应当是首选。

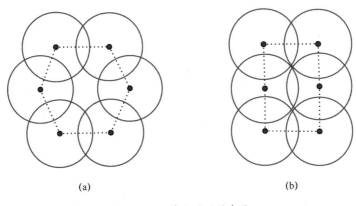

(a)　　　　　　　　　　　　　　(b)

图 2-29　六节点的两种布局

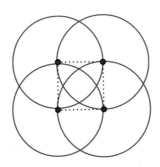

图 2-30　四边形布局模型

考虑到在实际战场中 PIR 探测网域的布设多以自动布设为主，若选用正方形网眼的布设方案，需要 PIR 探测基站之间保持两两相互垂直以便组成标准的正方形，这在地形、地貌都无法预知的实际战场环境中较难做到。相比之下，三角形网眼的布局具有明显的优势。三角形网眼布设简单易行，能够构成封闭的区域，是网络节点需用数量最少的网域感知单元。

2.4.6　三角形网眼单元节点的布局分析

图 2-31 为三角形网眼单元的等边三角形节点布局。在图 2-31（a）中，3 个 PIR 探测基站的探测圆两两相切，即正三角形布局，这样形成的探测区域覆盖面明显有探测盲区，不是最优布局。若使 3 个 PIR 探测基站的探测圆与相邻探测圆圆心相交，则 3 个节点所围成的三角形被完全覆盖，感知区有重叠 3 次，探测无盲区，如图 2-31（b）所示。该布局正是应选用的最优布局。

假设用 N 个等边三角形网眼单元构建一个 PIR 探测网域，按 6×8 布局，选用 48 个 PIR 探测基站做网络节点，每个节点圆心与相邻节点圆心的距离为等值，即正三角形布局，所形成的整个网域动态探测感知覆盖区如图 2-32 所示。

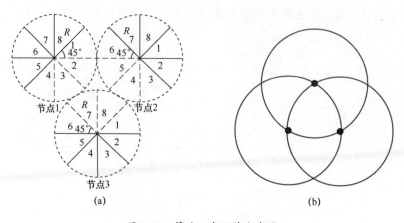

图 2-31　等边三角形节点布局

(a) 探测圆外切覆盖布局；(b) 探测圆相交覆盖布局。

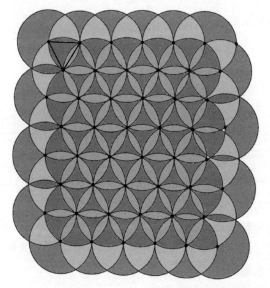

图 2-32　6×8 动态感知系统的探测区覆盖（见彩图）

从图 2-32 可以看出，天蓝色区域为 1 次探测感知区；青色区为 2 次探测感知区；绿色为 3 次探测感知区；黄色为 4 次探测感知区。天蓝色区域存在于设计网域的外边缘。青色区位于设计网域的此外边缘。绿色和黄色区域完全把 70 个三角形构成的设计网域区覆盖了。只要入侵目标进入这个区域就会被 3 次感知甚至是 4 次感知，所以有探测定位和不漏探的充分条件。

三角形网眼单元的 3 个 PIR 探测基站的布局还有另外两种方案：直角三角形、钝角三角形。在图 2-33 (a) 中，所形成的直角三角形探测区至少被 1 次探测，探测发现无盲区，但探测定位条件无法满足。在图 2-33 (b) 中，钝角三角形的探测布局也是如此，不能形成有效的 2 次覆盖区，感知单元缺少协同感知能力，所以不是最优布局。

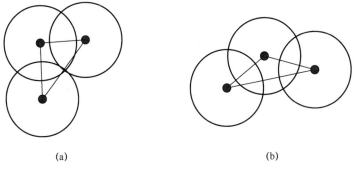

(a)   (b)

图 2-33　三角形节点布局

（a）直角三角形；（b）钝角三角形。

2.4.7　自动布局 PIR 探测网域时的网络节点调整原则

以自动布设三角形网眼类型的 PIR 探测网域为例。自动布设的感知网络节点很难做到均匀地分布，这会使监测区域出现感知盲区和感知薄弱区域。因此，要对自动布设后的感知网络的感知能力进行分析研究。由于感知网络节点间的分布远近不同，所构成的三角形最小感知单元区域大小不同，存在部分区域布设密度过于集中和不能充分利用节点间的感知能力的问题，因此必须进行一些组构调整，为此提出以下几点组构调整原则。

（1）三角形网眼数量最少原则。在确保区域探测全覆盖前提下，采用最少的三角形网眼感知单元，以降低网域复杂度，提高区域反应能力。对于区域内多余的感知平台可以采取静默备用或者调整到布设密度稀少的区域。例如，调整前的网域如图 2-34（a）所示，用了 8 个三角形网眼感知单元，调整后的网域如图 2-34（b）所示，用了 7 个三角形网眼感知单元。

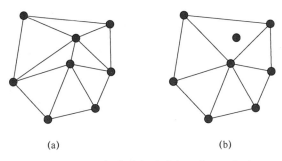

(a)   (b)

图 2-34　网眼数量最少原则应用前后示意图

（a）调整前；（b）调整后。

（2）节点间最佳感知距离原则。因为动态 PIR 探测器的感知最远距离为 30m，所以各 PIR 探测基站之间距离不能太远。但是，各 PIR 探测基站之间距离不能太近，否则就是浪费资源。因此感知距离应当控制在 20~30m。

（3）调整代价最小原则。从图 2-35（a）中可以看出，布设密度不均匀导致组构三角形区域面积的大小不一，对感知节点来说就是资源的浪费，应该进行距离调整，在调整过程中要考虑到全局的布局分布，应在可移动范围内做最短距离的移动，减少影响全局组构的时间，以最快的速度完成组构，进入值守状态。图 2-35（b）是对图 2-35（a）应用调整代价最小原则的结果，由图可见，只移动了一个闲置节点就完成了网域布局调整。

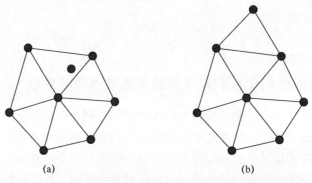

（a）　　　　　　　　　　　　（b）

图 2-35　调整代价最小原则应用前后示意图

（a）调整前；（b）调整后。

（4）边界趋近原则。自动布设后的感知网域有可能把网络节点布设在网域预设边界以外，如图 2-36（a）所示，此情况下需要把网络节点向网域预设边界内调整，如图 2-36（b）所示，尽量把网络节点均匀布设在网域预设边界内。

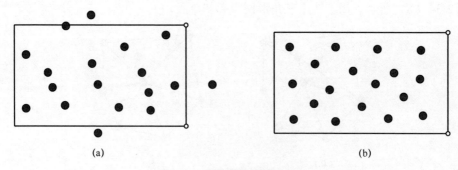

（a）　　　　　　　　　　　　　　　　（b）

图 2-36　边界调整前后示意图

（a）调整前；（b）调整后。

2.5 基于静态 PIR 探测器的入侵目标探测网域

2.5.1 静态 PIR 米字节点探测网域

米字节点探测网域是基于静态 PIR 探测网域中的一种。它的网格线分布相比后述的几种静态 PIR 探测网域是最密的一种。

静态 PIR 米字节点探测网域的网络节点是一个由 8 个按米字探测方向布置的 PIR 传感器组成的探测基站，如图 2-37 所示。一般每个 PIR 传感器的探测角为 3°，探测射线方向为从网络节点中心点向外，有效探测距离为 30m。若用 16 个节点构成一个探测网络，所构建的探测网域如图 2-38 所示。若用 4 个节点构成一个探测网络单元，并设网络节点间距为 30m，则网眼单元的面积为 900 m²，实际上，该网域的探测区域只在以网格线为中心线的若干条窄带上。这正是静态 PIR 探测网域的特点：探测成线不成面，探测盲区很大。该探测网络的网眼单元需占用 12 个探测器。

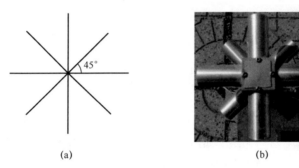

(a)　　　　　　　　　(b)

图 2-37　米字节点探测网域的网络节点

（a）网络节点的米字节点探测线；（b）米字节点探测基站实物图。

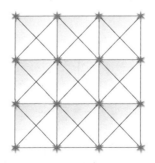

图 2-38　由 16 个节点构建的米字节点探测网域

米字节点探测网域的网眼单元是由 4 个网络节点围成的正方形，如图 2-39 所示。按照 2.4.1 节所拟定的探测网域布局设计性能指标来考察，米字节点探测网域的五项性能指标可计算如下：

探测盲区占计划探测区的百分比很高，接近 100%；重复探测区占计划探测区的百分比接近于 0；探测网网格单元的过界探测区百分比为 0；单位探测面积的探测器数为 12/900 = 0.01333；单位探测面积的网络节点数为 4/900 = 0.00444。

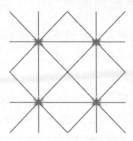

图 2-39　米字节点探测网域的网眼单元

虽然，依据静态 PIR 探测入侵目标是可以探测出入侵目标通过探测射线的运动方向，此时这个所探测的方向角度值的最大误差依然是 90°。但是，若是相邻网格线上都发现目标，可将两线探测的目标运动方向角数据做一个平均值计算，这就可把运动方向角探测的最大误差减小一半，即 45°。

2.5.2　静态 PIR 十字节点探测网域

在基于静态 PIR 探测器的入侵目标探测网域中，十字节点探测网域是最简单的一种。

静态 PIR 十字节点探测网域的网络节点是一个由 4 个按十字交叉布置的 PIR 探测器组成的探测基站，如图 2-40 所示。每个 PIR 传感器的探测角为 3°，探测射线方向为从网络节点中心点向外，有效探测距离为 30m。若用 4 个节点构成一个探测网络单元，并设网络节点间距为 30m，则构建的探测网域如图 2-41 所示。探测网络的网眼单元的规划探测面积为 900m²，该探测网络的网眼单元需占用 8 个探测器。

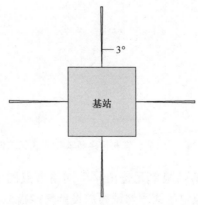

图 2-40　十字交叉布置的 PIR 探测器组成的探测基站

图 2-41　十字节点探测网域的方形网眼单元

按照 2.4.1 节所拟定的探测网域布局设计性能指标来考察，十字节点探测网域的 5 项性能指标可计算如下：

探测盲区占计划探测区的百分比很高，接近 100%；重复探测区占计划探测区的百分比接近于 0；探测网网格单元的过界探测区百分比为 0；单位探测面积的探测器数为 8/900 = 0.00889；单位探测面积的网络节点数为 4/900 = 0.00444。

依据静态 PIR 探测入侵目标是可以探测出入侵目标通过探测射线的运动方向，如入侵目标按顺时针方向通过探测射线。但是这个所探测的方向角度值并不准确，最大误差可达 90°。例如，探测结果为目标运动方向大致为传感器探测线方向顺时针偏转 90°。

可以注意到，这里将有效探测距离值选择等于网络节点间距值。这个选择并非最优的选择，而是最简单的和接近最优的选择。事实上，选择有效探测距离值大于网络节点间距值将带来误探的风险，因为邻近网格的目标也被发现时有可能会误认为是当地网格的目标。而选择有效探测距离值过小于网络节点间距值将带来漏探的风险，因为当地网格的目标可能由于当地传感器灵敏度低而不被发现。

静态 PIR 十字节点探测网域所能探测到的是入侵目标通过网格线时的时间、位置和粗略的运动方向。例如，静态 PIR 十字节点探测网域可以报告发现目标在某时距某网络节点的某处由右向左通过。换句话说，只有在目标穿过探测网域的网络线时才会被发现，若目标在网络线之间运动，将不会被发现。因此，静态 PIR 十字探测网域这类探测网域，有可以在入侵目标通过网格线时探测到目标的位置和方向的优点，但又有网格线内区域是探测盲区的缺点。

2.5.3 静态 PIR 木字节点探测网域

木字节点探测网域是基于静态 PIR 探测网域中的一种，它的网格线分布比前述的米字节点探测网域要稀疏一些。

静态 PIR 木字节点探测网域的网络节点是一个由 6 个按 60°间隔角分布布置的 PIR 探测器组成的探测基站，如图 2-42 所示。由于 3 个网络节点围成的图形为等边三角形，所以这个网又可称为等边三角形网眼网。由于探测射线按 60°间隔角分布，形似木字形，故称为木字节点网。一般每个 PIR 传感器的探测角为 3°，探测射线方向为从网络节点中心点向外，有效探测距离为 30m。若用 3 个节点构成一个探测网域的网眼单元，并设网络节点间距为 30m，则所构建的探测网域的网眼如图 2-43 所示。探测网络的网眼单元的规划探测面积为 779m²，而且该探测网络的网眼单元需占用 6 个探测器。

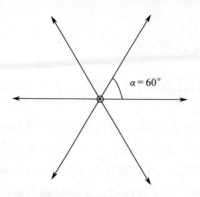

图 2-42　木字节点 PIR 探测基站

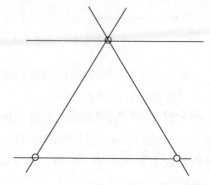

图 2-43　木字节点网的等边三角形网眼

按照 2.4.1 节所拟定的探测网域布局设计性能指标来考察，木字节点探测网域的 5 项性能指标可计算如下：

探测盲区占计划探测区的百分比很高，接近 100%；重复探测区占计划探测区的百分比接近于 0；探测网网格单元的过界探测区百分比为 0；单位探测面积的探测器数为 6/779＝0.0077；单位探测面积的网络节点数为 3/779＝0.00385。

2.5.4　静态 PIR 丫字节点探测网域

目标丫字节点探测网域是基于静态 PIR 探测网域中的一种，它的网格线分布是前述的探测网域最稀疏的一种。

静态 PIR 丫字节点探测网域的网络节点是一个由 3 个按 120°间隔角分布布置的 PIR 探测器组成的探测基站，如图 2-44 所示。由于该类型网域的网眼单元是由 6 个网络节点围成的六边形，所以这个网又可称为蜂巢网。由于探测射线按 120°间隔角分布，形似丫字形，故又称丫字节点探测网域。一般每个 PIR 探测器的探测角为 3°，探测射线方向为从网络节点中心点向外，有效探测距离为 30m。若用 6 个节点构成一个探测网络的网眼单元，则所构建的探测网区域如图 2-45 所示。该探测网络的网眼单元的规划探测面积为 4674m²，而且该探测网络的网眼单元需占用 12 个探测器。

按照 2.4.1 节所拟定的探测网域布局设计性能指标来考察，丫字节点探测网域的 5 项性能指标可计算如下：

探测盲区占计划探测区的百分比很高，接近 100%；重复探测区占计划探测区的百分比接近于0；探测网网格单元的过界探测区百分比为0；单位探测面积的探测器数为12/4674=0.00257；单位探测面积的网络节点数为6/4674=0.00128。

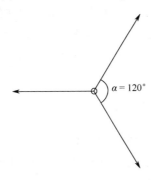

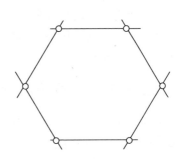

图2-44　丫字节点网PIR探测基站　　　　图2-45　丫字节点网的六边形网眼

2.5.5　4种静态PIR探测网域的比较

根据表2-3可知：4种静态PIR探测网域中，单位探测面积的探测器数最高的是米字节点网域，而最低的是丫字节点网域；单位探测面积的网络节点数最高的是十字节点和米字节点，而最低的是丫字节点；探测盲区占计划探测区的百分比都很高，接近100%；重复探测区占计划探测区的百分比都接近于0；探测网网格单元的过界探测区百分比都为0。

表2-3　4种静态PIR探测网域的性能指标比较

网络类型	盲区百分比/%	重复区百分比/%	过界区百分比/%	单位面积探测器数	单位面积网络节点数
米字节点	近100	近0	0	0.0133	0.00444
十字节点/方形网眼	近100	近0	0	0.00889	0.00444
木字节点/三角形网眼	近100	近0	0	0.0077	0.00385
丫字节点/六边形网眼	近100	近0	0	0.00257	0.00128

显然，4种静态PIR探测网域相比，在准确性、有效性和可靠性方面基本相同；在布设探测网域的成本特性上，丫字节点网域最好，而米字节点网域最差。

2.6　基于动态PIR探测器的入侵目标探测网域

基于动态扫描PIR探测器，可以构建入侵目标PIR动态探测网域。基于动态扫描PIR探测器构建的入侵目标探测网域有如下所述的几种类型：方形网眼单元探测网域、三角形网眼单元探测网域和六边形网眼单元探测网域。与基于静态PIR探测器的入侵目标探测网相比，基于动态扫描PIR探测器构建的入侵目标探测网域最大的优势在于探测视角大，可以达到以扫描视场角为弧度，以有效探测距离为半径的弧形探测区域内无探测盲区。不过，用动态扫描 PIR 探测器探测的探测结果仅为发现目标时刻和发现目标视角两种数据，不能像用静态 PIR 探测器时得到的目标至传感器的距离数据。基于动态扫描 PIR 探测器的目标定位主要靠多个探测器的目标探测角射线的信息来推算，因此对这种探测网域的重复探测区的占比将有一定要求。

2.6.1 动态 PIR 方形网眼探测网域

动态 PIR 方形网眼探测网域的网眼单元图形与静态 PIR 十字探测网域的网眼单元图形是一样的。网络节点是一个由 4 个按十字交叉布置的动态扫描 PIR 探测器组成的探测基站，如图 2-17 所示。每个扫描 PIR 传感器的探测角仍为 3°，但是按一定周期进行往复扫描 90°，形成了一个 90°扫描弧形视场。探测射线方向为从网络节点中心点向外，有效探测距离为 30m。若用 4 个节点构成一个探测网络，并设网络节点间距为 21.2132m，则所构建的探测网眼单元实际有效探测的区域仅如图 2-46 所示。该探测网络的网眼单元的规划探测面积为 450m²，且该探测网络的网眼单元需占用 4 个探测器。

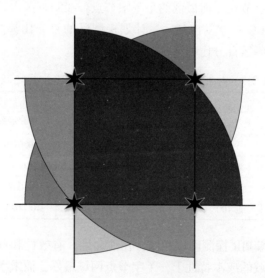

图 2-46　动态 PIR 探测的方形网眼探测区域（见彩图）

按照 2.4.1 节所拟定的探测网域布局设计性能指标来考察，丫字节点探测网域的 5 项性能指标可计算如下：

探测盲区为 0；探测区为 4 个网络单元格，重复探测区的百分比为 300%；探测网网格单元的过界探测区百分比为 228.3%；单位探测面积的探测器数为 4/450＝0.00889；单位探测面积的网络节点数为 4/450＝0.00889。

2.6.2 动态 PIR 三角形网眼探测网域

动态 PIR 探测网域的三角形网眼单元的图形与静态 PIR 木字探测网的网眼单元图形是一样的。网络节点是一个由 6 个按木字布置的动态 PIR 传感器组成的探测基站，如图 2-47 所示。一般每个动态 PIR 探测器的探测角为 3°，探测射线方向为从网络节点中心点向外，有效探测距离为 30m。每个动态 PIR 传感器周期性的来回扫描，扫描角度为 45°，形成了一个扇形的扫描探测场。若用 3 个节点构成一个探测网络的网眼单元，并设网络节点间距为 30m，则所构建的探测网眼单元实际有效探测的区域仅如图 2-48 所示。该探测网络的网眼单元的规划探测面积为 389.71m^2，且该探测网络的网眼单元需占用 3 个探测器。

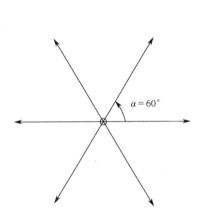

图 2-47　木字节点 PIR 探测基站　　　　图 2-48　三角形网眼的探测区域（见彩图）

按照 2.4.1 节所拟定的探测网域布局设计性能指标来考察，丫字节点探测网域的 5 项性能指标可计算如下：

探测盲区为 0；重复探测区占计划探测区的百分比为 200%；探测网网格单元的过界探测区百分比为 62.77%；单位探测面积的探测器数为 3/389.71 = 0.0077；单位探测面积的网络节点数为 3/389.71 = 0.0077。

2.6.3 动态 PIR 六边形网眼探测网域

动态 PIR 探测网域的六边形网眼的图形与静态 PIR 丫字探测网域的图形是一样的。网络节点是一个由 3 个按 120°间隔角分布布置的动态 PIR 探测器组成的探测基站，如图 2-44 所示。一般每个动态 PIR 探测器的探测角为 3°，探测射线方向为从网络节点中心点向外，有效探测距离为 30m。每个动态 PIR 传感器周期性的来回扫描，扫描角度为 120°，形成了一个扇形的扫描探测场。若用 6 个节点构成一个探测网络，并设网络节点间距为 30m，则所构建的探测网实际有效探测的区域如图 2-49 所示，无探测盲区。该探测网络的网眼单元的规划探测面积为

$2338.27\mathrm{m}^2$，且该探测网络的网眼单元需占用 6 个探测器。

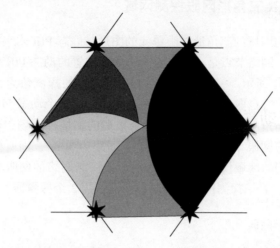

图 2-49　动态 PIR 探测的六边形网眼探测区域（见彩图）

按照 2.4.1 节所拟定的探测网域布局设计性能指标来考察，丫字节点探测网域的 5 项性能指标可计算如下：

探测盲区为 0；重复探测区占计划探测区的百分比为 100%；探测网网格单元的过界探测区百分比为 47.7%；单位探测面积的探测器数为 6/2338.27 = 0.002566；单位探测面积的网络节点数为 6/2338.27 = 0.002566。

2.6.4　3 种动态 PIR 探测网域的比较

表 2-4 为方形网眼单元探测网域、三角形网眼单元探测网域和六边形网眼单元探测网域 3 种动态 PIR 探测网域的性能指标比较。

表 2-4　3 种动态 PIR 探测网域的性能指标比较

网络类型	盲区百分比/%	重复区百分比/%	过界区百分比/%	单位探测面积探测器数	单位探测面积网络节点数
方形网眼	0	300	228.3	0.00889	**0.00889**
三角形网眼	0	200	62.77	0.0077	**0.0077**
六边形网眼	**0**	**100**	**47.7**	**0.002566**	0.002566

根据表 2-4 可知：3 种动态 PIR 探测网域中，单位探测面积的探测器数最高的是方形网眼单元探测网域，而最低的是六边形网眼单元探测网域；单位探测面积的网络节点数最高的是方形网眼单元探测网域，而最低的是六边形网眼单元探测网域；探测盲区占计划探测区的百分比都为 0；重复探测区占计划探测区的百分比最高的是方形网眼单元探测网域，而最低的是六边形网眼单元探测网域；探

测网网格单元的过界探测区百分比最高的是方形网眼单元探测网域，而最低的是六边形网眼单元探测网域。

显然，3 种动态 PIR 探测网域相比，在有效性方面基本相同；在准确性方面是方形网眼单元探测网域最好；可靠性方面和布设探测网域的成本特性上，是六边形网眼单元探测网域最好。

2.7 基于动静态组合 PIR 探测器的入侵目标探测网域

2.7.1 动静组合 PIR 方形网眼探测网域

若把静态 PIR 十字探测网域和动态 PIR 方形网眼探测网域合二为一就构成了动静组合 PIR 方形网眼探测网域。其网络节点是由 4 个按十字交叉布置的静态 PIR 探测器和 4 个按十字交叉布置的动态扫描 PIR 探测传感器组成的探测基站。其探测区域是由网格线和网格线围成的区域构成的区域，无探测盲区。如图 2-46 所示，若用 4 个节点构成一个探测网域的网眼单元，并设网络节点间距为 21.2132m，则该探测网络的网眼单元的规划探测面积为 450m^2，且该探测网络的网眼单元需占用 12 个探测器。

按照 2.4.1 节所拟定的探测网域布局设计性能指标来考察，动静组合 PIR 方形网眼探测网域的 5 项性能指标可计算如下：

探测盲区为 0；重复探测区占计划探测区的百分比为 300%；探测网网格单元的过界探测区百分比为 228.3%；单位探测面积的探测器数为 12/450 = 0.0267；单位探测面积的网络节点数为 4/450 = 0.00889。

2.7.2 动静组合 PIR 三角形网眼探测网域

若把静态 PIR 木字探测网域和动态 PIR 三角形网眼探测网域合二为一就构成了动静组合 PIR 三角形网眼探测网域。其网络节点是由 6 个按木字形布置的静态 PIR 探测器和 3 个按三角形网眼布置的动态扫描 PIR 探测器组成的探测基站。其探测区域是由网格线和网格线围成的区域构成的区域，无探测盲区。如图 2-48 所示，若用 3 个节点构成一个探测网眼单元，并设网络节点间距为 30m，则该网眼单元的规划探测面积为 389.71m^2，且该探测网络的网眼单元需占用 9 个探测器。

按照 2.4.1 节所拟定的探测网域布局设计性能指标来考察，动静组合 PIR 三角形网眼探测网域的 5 项性能指标可计算如下：

探测盲区为 0；重复探测区占计划探测区的百分比为 200%；探测网网格单元的过界探测区百分比为 62.77%；单位探测面积的探测器数为 9/389.71 = 0.0231；单位探测面积的网络节点数为 3/389.71 = 0.0077。

2.7.3 动静组合 PIR 六边形网眼探测网域

若把静态 PIR 丫字探测网域和动态 PIR 六边形网眼探测网域合二为一就构成了动静组合 PIR 六边形网眼探测网域。其网络节点是由 3 个按 120°间隔角分布布置的静态 PIR 探测器和 3 个按 120°间隔角分布布置的动态扫描 PIR 探测器组成的探测基站。其探测区域是由网格线和网格线围成的区域构成的区域，无探测盲区。如图 2-49 所示，若用 6 个节点构成一个探测网眼单元，并设网络节点间距为 30m，则该网眼单元的规划探测面积为 2338.27m²，且该探测网络的网眼单元需占用 18 个探测器。

按照 2.4.1 节所拟定的探测网域布局设计性能指标来考察，动静组合 PIR 方形网眼探测网域的 5 项性能指标可计算如下：

探测盲区为 0；重复探测区占计划探测区的百分比为 100%；探测网网格单元的过界探测区百分比为 47.7%；单位探测面积的探测器数为 18/2338.27 = 0.0077；单位探测面积的网络节点数为 6/2338.27 = 0.00257。

2.7.4 3 种动静组合 PIR 探测网域的比较

根据表 2-5 可知：3 种动静组合 PIR 探测网域中，单位探测面积的探测器数最高的是方形网眼单元探测网域，而最低的是六边形网眼单元探测网域；单位探测面积的网络节点数最高的是方形网眼单元探测网域，而最低的是六边形网眼单元探测网域；探测盲区占计划探测区的百分比都为 0；重复探测区占计划探测区的百分比最高的是方形网眼单元探测网域，而最低的是六边形网眼单元探测网域；探测网网格单元的过界探测区百分比最高的是方形网眼单元探测网域，而最低的是六边形网眼单元探测网域。

表 2-5　3 种动静组合 PIR 探测网域的性能指标比较

网络类型	盲区百分比/%	重复区百分比/%	过界区百分比/%	探测器数	网络节点数
方形网眼	0	300	228.3	0.0267	**0.00889**
三角形网眼	0	200	62.77	0.0231	**0.0077**
六边形网眼	**0**	**100**	**47.7**	**0.0077**	**0.00257**

显然，3 种动静组合 PIR 探测网域相比，在有效性方面基本相同；在准确性方面是方形网眼单元探测网域最好；可靠性方面和布设探测网域的成本特性上，是六边形网眼单元探测网域最好。

2.8　3类PIR入侵目标探测网域的性能分析

根据表2-6可知：3类PIR探测网域中，单位探测面积的探测器数最高的是动静组合PIR网域；单位探测面积的网络节点数最高的是动态PIR和动静组合PIR；探测盲区占计划探测区的百分比最高的是静态PIR，而最低的是动态PIR和动静组合PIR；重复探测区占计划探测区的百分比接近0的是静态PIR，而动态PIR和动静组合PIR的在100～300；探测网网格单元的过界探测区百分比接近0的是静态PIR，而动态PIR和动静组合PIR的在47.7～228.3。

表2-6　3类PIR入侵目标探测网域的性能比较

网络类型	盲区百分比/%	重复区百分比/%	过界区百分比/%	探测器数	网络节点数
静态PIR	100	0	0	0.00257～0.00889	**0.00128～0.00444**
动态PIR	0	100～300	47.7～228.3	0.00257～0.00889	**0.00257～0.00889**
动静组合PIR	**0**	**100～300**	**47.7～228.3**	**0.0077～0.0267**	**0.00257～0.00889**

显然，3类PIR探测网域相比，在有效性和准确性方面是动态PIR和动静组合PIR更好；可靠性方面和布设探测网域的成本特性上，是静态PIR探测网域最好。

2.9　服务于PIR探测网域的无线传感器网络

随着通信技术、嵌入式计算技术和传感器技术的飞速发展和日益成熟，人们研制出了各种具有感知能力、通信能力和计算能力的微型传感器。由很多微型传感器构成的无线传感器网络（WSN）已引起了人们的极大关注。WSN综合了传感器技术、嵌入式计算处理技术、分布式信息处理技术和通信技术，能够协作实时监测、感知和采集网络分布区域内的各种环境或监测对象的信息，并对这些信息进行处理，获得详尽准确的信息，传送到需要这些信息的用户。WSN可以使人们在任何地点、时间和环境条件下获取大量翔实可靠的物理世界的信息，并可以被广泛应用于国防军事、国家安全、环境监测、交通管理、医疗卫生、制造业和反恐抗灾等领域。WSN是信息感知和采集的一场革命，是全球未来发展的高技术产业之一。

关于无线传感器网络，有一个通用定义：无线传感器网络是具有通信与计算能力的微小传感器感知平台，可密集布设在无人值守的监控区域，构成的能够自主完成指定任务的智能自治测控网络系统。与传统网络相比，无线传感器网络的特性可归结为：① 大规模网络。通常会在监测区域布置大量的传感器感知平台。

② 无中心自组织网络。没有绝对的控制中心，所有节点的地位平等，通过分布式算法来协同节点彼此的行为，不需要人工的干预和任何其他预置的网络设施，可以在任何时刻任何地方快速展开并自动组网。③ 受限的无线传输带宽。采用无线传输技术作为底层通信手段，所能提供的网络带宽相对有线信道要低得多。④ 多跳路由。由于节点发射功率的限制，节点覆盖范围有限。

无线传感器网络涉及通信、组网、管理和分布式信息处理等多个方面，可以分为 3 个层次，自上而下分别是：通信与组网、管理与基础服务和应用系统，其各层次之间的逻辑关系如图 2-50 所示。

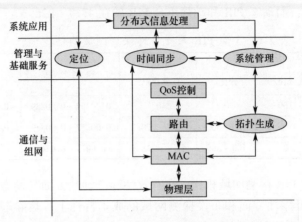

图 2-50　无线传感器网络体系结构

近年来通信技术快速发展，无线通信技术使人们摆脱了有线的束缚，为信息的传递带来了极大的方便。其中短距离无线通信领域正成为发展的热点，蓝牙、无线保真（WiFi）、超宽带（UWB）等短距离无线通信技术相继出现。对工业、家庭自动化控制和工业遥测遥控领域而言，蓝牙等技术显得太复杂、功耗大、距离近、组网规模太小等。而工业自动化，对无线数据通信的需求越来越强烈，而且，对于工业现场，这种无线数据传输必须是高可靠的，并能抵抗工业现场的各种电磁干扰。因此，经过人们长期努力，ZigBee 在 2003 年正式问世。

ZigBee 是 IEEE 802.15.4 协议的代名词。根据这个协议规定的技术是一种近距离、低复杂度、低功耗、低数据速率和低成本的双向无线通信技术，不仅适合于自动控制和远程控制领域，可以嵌入各种设备中，而且支持地理定位功能。ZigBee 可由多到 65000 个无线网络模块组成的一个无线网络平台，类似 CDMA 和 GSM 网络。与移动通信的 CDMA 网和 GSM 网不同的是，ZigBee 网络主要是为工业现场自动化控制数据传输而建立，因而，它更简单、更方便、并且工作可靠、价格低。ZigBee 采用自组织网技术，在网络模块的通信范围内，通过彼此自动寻找，很快就可以形成一个互联互通的 ZigBee 网络。彼此间的联络发生变化时，模块还可以通过重新寻找通信对象，确定彼此间的联络，对原有网络进行刷新。

ZigBee 作为一种传输周期性、间歇性数据的双向无线通信技术，相比其他无线通信技术，ZigBee 技术将是最低功耗和成本的技术。同时由于 ZigBee 技术的自组织、自恢复特性，也决定了 ZigBee 技术适合于网络通信业务。

在课题研究中，采用 ZigBee 技术来实现 PIR 探测网域的无线传感器网络构建。通过分析协同感知和定位及协同攻击的系统任务需求，选用西北工业大学研制的双通道射频无线通信模块。该模块采用 ZIGBIT900 芯片作为核心，具有较强处理与运算能力、高传输速率和长通信距离的特点。动态组网将通信系统分全局自组网和协同攻击网，全局自组网在任何时刻保持连通，负责全网互通，信息共享，并与网络监控节点（Sink）通信，为用户提供可视化监测界面。协同攻击网作为局部网络，在任务发生时临时组建，任务完成后解散。全局自组网与协同攻击网工作在不同信道，互不干扰。设计完成的高速率双通道射频无线通信模块，嵌入机器人单体中，形成网络通信支撑硬件平台。双通道射频无线通信模块原理框图如图 2-51 所示。

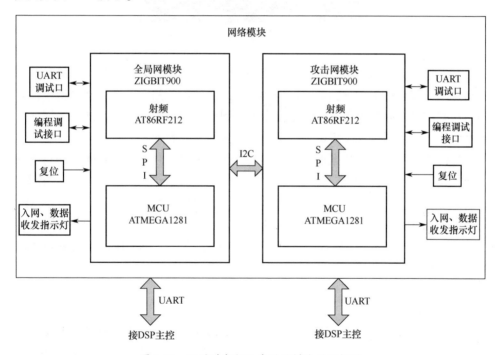

图 2-51　双通道射频无线通信模块原理框图

双通道射频无线通信模块主要包括通信芯片及其外围电路、天线和刺刀螺母连接器（Bayonet Nut Connector，BNC）接口等，双通道射频无线通信模块实物图如图 2-52 所示。

机器人群体协同系统采用双网协同的工作模式，全局自组网在发现侵入目标之后，根据协同攻击需要，选择与入侵目标临近的节点（5～10 个）组成协同攻击网，此时全局自组网控制中心不能再将该节点分配到其他协同攻击网中。协同攻击网络采用独立的网络结构和通信信道，其组网时间、节点数量、网络编号和网络信道均由全局自组网的控制中心根据协同攻击调度算法指定。网络编号和网络信道按照顺序依次分配，并在协同网解散后收回。

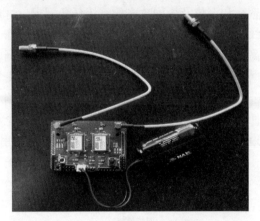

图 2-52　双通道射频无线通信模块

节点接收到组网指示之后，根据相关参数组网或加入某个网络。全局自组网中指定一个节点作为簇首，承担网络中心节点的角色，并下达相关控制指令，其他节点则作为协同攻击节点，根据指令加入到指定网络中，建立协同攻击网。节点网络地址仍采用全局自组网的网络地址，无须另外分配。

协同攻击网的通信数据量相对较小，其任务主要有两点：一是同全局自组网协同工作，接受来自全局自组网的指令并执行相应的动作，如广播消息、组网和协同攻击等；二是将协同攻击网中各个节点信息反馈给"簇首"，经过"簇首"的数据融合处理后再反馈给全局自组网的控制中心，为控制中心提供决策信息。全局自组网和协同攻击网通过"簇首"上的共享节点协同工作，根据需要将消息跨网传播。

在遇到多目标多路入侵的时候，全自组网根据目标数量分配多个协同攻击网，根据目标位置选择各自的组网节点，每个协同攻击网针对自己的目标发起攻击。不同的协同攻击网分配不同的网络编号和通信信道，以保证它们之间互不干扰。

协同攻击网络在完成攻击任务或者防卫任务之后向控制中心报告，然后停止运作并立即解散，停用网络编号和通信信道，返回到全局自组网中，以进入下一次任务规划。

根据以上分析，协同攻击网的通信功能主要有以下几点。

（1）收到组建协同攻击网命令的单体的数字信号处理（Digital Signal Processing，DSP）负责将此信息传达到自身的攻击网模块，攻击网模块启动局部组网，实现

第2章 动静态PIR探测器探测网域的建立

局部网络间的通信。通信路径为 DSP→攻击网模块。

（2）攻击网模块组建攻击网的应答：攻击网模块向 DSP 报告是否完成攻击网络的组建。通信路径为攻击网模块→DSP。

（3）攻击网模块执行任务时的相互通信。通信路径为 DSP→攻击网模块 ~ 攻击网模块→DSP。

（4）攻击解散：任务完成后，DSP 发出解散攻击网的命令，攻击网模块进入休眠状态，以节省能量。通信路径为 DSP→攻击网模块。

（5）解散应答：攻击网模块向 DSP 报告是否解散成功。通信路径为攻击网模块→DSP。

为了使机器人群体具有协同能力，利用通信机制使各机器人在分别获取自身位置姿态的前提下，通过通信进行信息交换和共享相关成员的各类信息，完成相关成员间相对位姿和状态的计算，然后通过协同控制算法完成协同任务。根据以上分析，结合项目特点，以协同攻击效率和效果最佳为原则，机器人群体协同系统采用基于混合式控制的分层体系结构，将机器人群体从逻辑上划分为 3 层，即指挥决策层、辅助管理层和感知执行层，如图 2-53 所示。

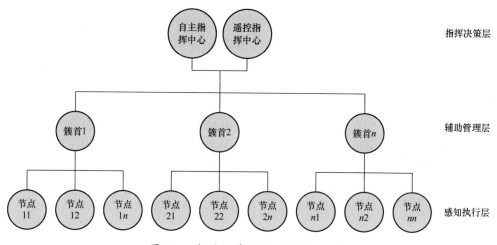

图 2-53　机器人群体协同系统体系结构

在系统的层次结构中，指挥决策层分为两部分，自主指挥中心和遥控指挥中心，两部分是根据系统工作方式的不同而设立的。其功能都是进行最高级别的信息融合，即系统级信息融合，根据辅助管理层提供的信息，从宏观层次上对整个战场态势进行总体评估及决策，对机器人群下达动态规划和攻击指令。遥控指挥中心是一个有人为参与的远程指挥控制系统，既能实时显示整个系统的态势，包括每一个节点的位置、目标的实时位置等，又能进行系统级的数据融合，并能根据判据对系统进行动态的规划调整使群组的攻击效果达到最佳。除此之外，遥控指挥中心还能进行敌我识别判断和控制机器人的状态转换，当我方进入到系统感知区域时，可通过遥控指挥中心发出敌我识别信号，或通过调整机器人的工作状态来使我方安全通过，并能使系统恢复到值守状态。

遥控指挥中心主要由高速数据处理器、GPS 接收模块、电子罗盘、激光测距仪、高速网络模块、数据显示模块、大功率显示屏接口和外部输入模块等组成，如果数据量较大还需要扩展外部存储器，遥控指挥中心结构如图 2-54 所示。

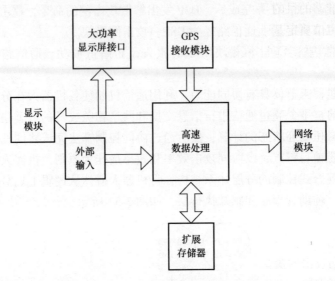

图 2-54　遥控指挥中心结构框图

自主指挥中心和遥控指挥中心功能相似，主要完成系统信息融合，进行动态规划和下达决策命令，其最大的特色是所有功能都独立于人员的控制之外，能够实现自主决策、自主指挥控制。自主指挥中心结构主要包括基站、高速数据处理中心、网络模块、扩展存储器等，如图 2-55 所示。

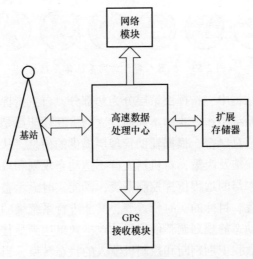

图 2-55　系统自主指挥中心结构图

系统在随机均匀布撒后，需要有一个坐标原点并建立坐标系，所有节点位置及入侵目标的位置坐标都是相对于原点的相对坐标。在整个系统中，只有一个位置是固定的，即自主指挥中心的位置在布撒后固定不变，因此以自主指挥中心作为原点构建一个平面坐标系，对所有机器人节点和目标的位置进行标定。节点定位环节，从成本和定位精度的角度出发，提出了基准站和移动站的差分GPS的解决方案，基准站的目的是在成本可控范围内尽可能地提高系统的自定位精度，为目标的协同定位奠定基础。自主指挥中心是一个位置固定、不具备攻击能力、能进行系统级信息融合、旨在提高系统定位精度等集多种功能于一体的智能系统。

辅助管理层是整个系统的中间层，向上负责给指挥决策层提供战场信息和动态规划的判据，向下负责收集节点的数据进行中级数据融合。没有目标时，管理层是不存在的，每个节点都和指挥层直接通信，当目标出现时，指挥层对目标进行识别、定位和轨迹预测后，对所有的节点按照动态规划算法随机分组，此时才出现辅助管理层。在发起攻击时整个系统的数据通信量非常大，如果每个节点都和指挥决策层直接通信会降低整个系统的反应速度和执行效率，此时簇首分担了网关的一部分功能，目的是协助网关更好地管理各个节点和指挥所属的节点策划攻击，这样可以提高了整个系统的效率和速度。

感知执行层处于整个系统工作链的末端，是战场态势侦察、情报的获取终端，也是协同攻击的执行者，负责把各类传感器获取的信息进行初级数据融合并上报给辅助管理层。系统的3个层次首尾相连、密不可分，共同构成了系统的有机整体，同时形成了系统完整、通畅的数据传输的通道，为系统高效完成攻击任务提供了有力支撑。

第 3 章　基于静态 PIR 网域探测的入侵目标定位方法

3.1　基于静态 PIR 单体探测器的入侵目标定位

3.1.1　基于静态 PIR 单体的入侵目标定位方法讨论

研究表明，对于入侵目标的距离探测，用 PIR 传感器可以有两种方法，最大幅值法和峰峰值时间差法，但是用最大幅值法测距基本上是不可行的，而用峰峰值时间差法在一定条件下有较高的准确度，下面的一个实验可以清楚地说明这一点。

如果以人体为入侵目标对象，以 PIR 传感器为探测元件，分别进行信号最大幅值与入侵目标距离的关系实验和信号峰峰值时间差与入侵目标距离的关系实验，可得到如图 3-1～图 3-4 的实验曲线。

图 3-1 为目标从左至右行走时 PIR 信号最大幅值与目标距离的关系曲线图，图 3-2 为目标从右至左行走时信号最大幅值与目标距离的关系曲线图。

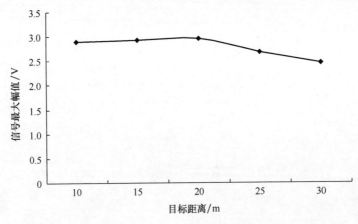

图 3-1　目标从左至右运动时信号最大幅值与目标距离的关系曲线图

图 3-3 为目标从左至右行走时信号峰峰值时间差与目标距离的关系曲线图，图 3-4 为目标从右至左行走时信号峰峰值时间差与目标距离的关系曲线图。

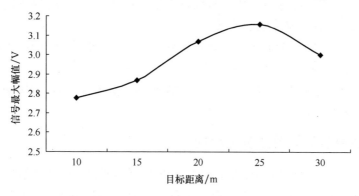

图 3-2 目标从右至左运动时信号最大幅值与目标距离的关系曲线图

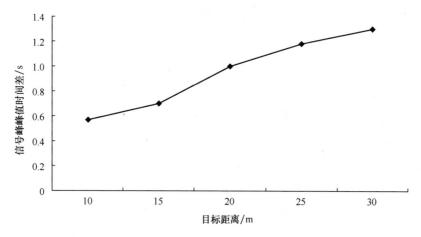

图 3-3 目标从左至右行走时信号峰峰值时间差与目标距离的关系曲线图

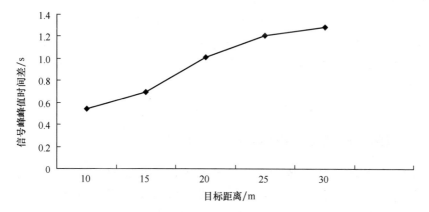

图 3-4 目标从右至左行走时信号峰峰值时间差与目标距离的关系曲线图

对图 3-1 与图 3-2 进行分析，可以得出结论：目标运动方向不同时，信号最大幅值与目标距离均呈非线性关系。

对图 3-3 与图 3-4 进行分析，可以得到结论：目标行走方向不同时，峰峰值时间差值与目标距离均呈线性关系。

显然，利用信号最大幅值法实现目标距离的测定不可靠的，而利用峰峰值时间差法实现目标距离的测量是可行的。

3.1.2 峰峰值时间差法测距原理

目标横向穿越静态 PIR 视区过程中，PIR 传感器所产生的热电信号有如图 3-5 所示的变化规律。在此过程中，由双敏感元组成的 PIR 传感器；首先是一个敏感元感受到目标进入一个探测视区产生了一个信号波，接着是目标进入探测盲区后 PIR 传感器无波形输出；然后是目标进入下一个探测视区又产生了一个信号波。

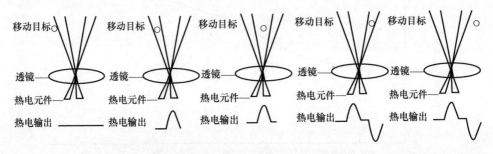

图 3-5　目标穿越静态 PIR 视区时产生的热释电信号

观察图 3-5 中 PIR 传感器信号的波形可知，目标横向穿越静态 PIR 视区时将产生两个波峰，正向波峰和反向波峰，两个波峰之间有一定的时间间隔。进一步的研究表明，两个波峰间的时间间隔长短与目标离 PIR 传感器的距离成正比，如图 3-6 所示。显然，目标相对传感器距离越远，目标穿越两个视区间的盲区距离越长，产生的两个波峰间的时间间隔将越大。若定义这两个波峰间的时间间隔为峰峰值时间差，则可认为 PIR 传感器的峰峰值时间差与探测目标的距离成正比，这一点正是用单体的静态 PIR 探测入侵目标的距离的基本依据。

3.1.3 峰峰值时间差法横切测距公式推导

图 3-6 所用的 PTR 传感器探测目标的探测视场可抽象如图 3-7 所示。点 O 表示传感器探测单元所在位置。线段 OA 和线段 OB 表示两条从探测单元到目标的探测视线。在图中之所以可以用两条线段代替两敏感元所形成的探测视场，是因为所形成的探测视场的尺寸与两视场间盲区相比基本可以忽略。2γ 表示传感器探测单元的探测视场角，该角由热释电传感器本身的视场角和所用光学镜片共同

确定。线段 OC 表示需要测量的目标到探测节点的距离，在图中用 d 表示。线段 AB 表示目标通过所在距离处的横切视场的距离，在图中用 L 表示。

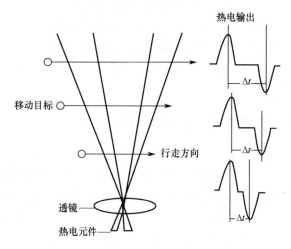

图3-6 目标穿越静态 PIR 视区时目标距离与信号波峰间隔时间的关系

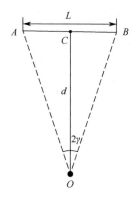

图3-7 传感器探测视场示意图

参见图3-7，考虑 $\angle BOC = \gamma$，$BC = L/2$，对于直角 $\triangle OCB$，有

$$d = \frac{BC}{\tan \angle BOC} = \frac{\dfrac{L}{2}}{\tan \gamma} = \frac{L}{2\tan \gamma} \tag{3-1}$$

由式（3-1）可知，当 L 与 θ 确定时，目标距传感器的距离 d 便能直接计算出来。

在目标移动速度 v 固定的情形下（成人正常行走速为 $1.1 \sim 1.5\text{m/s}$），目标通过横切视场距离 L 与信号波总时间 T 有线性关系：

$$L = v \cdot T \tag{3-2}$$

而目标通过 L 的信号波总时间 T 与信号峰峰值时间差 Δt 存在以下关系：

$$T = 2 \cdot \Delta t \tag{3-3}$$

则

$$d = \frac{v2\Delta t}{2\tan\gamma} = \frac{v\Delta t}{\tan\gamma} \tag{3-4}$$

由式（3-4）可以看出，在目标运动速度 v 和视场角 γ 确定的情况下，运动目标距探测单元的距离 d 仅与信号峰峰值时间差 Δt 有关，只需测得目标通过探测传感器时热释电信号峰峰值时间差 Δt，根据式（3-4）便可计算得到目标通过传感器视场时距传感器的距离 d。

3.1.4 PIR 信号峰峰值时间差法横切测距实验

利用一套 PIR 探测试验装置，根据以上推出的峰峰值时间差法横切测距公式设计测距程序，可获得表 3-1 所列的峰峰值时间差法横切测距结果。

表 3-1 为运动目标从不同距离处通过时用峰峰值时间差法所测得的实验数据。表中 Δt_{av} 表示在相同距离处多次测量所得到平均峰峰值时间差，d_{max} 表示多次测量所得到的目标距探测节点最大值，d_{min} 表示多次测量所得到的目标距探测节点最小值。目标（人体）运动速度保持在 $1.1 \sim 1.5 \text{m/s}$（成人正常步速）。

表 3-1 运动目标峰峰值时间差实测统计结果

真实距离/m	实验次数	$\Delta t_{av}/s$	d_{max}/m	d_{min}/m	最大测量误差/m
10	10	0.518	11.24	9.71	1.24
11	10	0.556	12.24	9.93	1.24
12	10	0.587	13.11	11.18	1.11
13	10	0.621	13.77	12.24	0.77
14	10	0.661	14.67	12.24	1.76
15	10	0.686	14.90	13.77	1.23
16	10	0.70	15.82	14.55	1.45
17	10	0.744	16.99	15.67	1.33
18	10	0.758	17.96	16.90	1.1
19	10	0.819	19.96	17.50	1.5
20	10	0.854	20.95	18.59	1.41
21	10	0.945	23.70	19.76	1.27
22	10	0.981	21.52	19.90	1.99
23	10	1.012	23.53	21.05	1.95
24	10	1.044	25.88	22.09	1.91
25	10	1.071	26.16	23.25	1.75

表 3-1 所列的实测统计结果表明，利用峰峰值时间差法测距，不同距离处最大误差基本在 1.5m 左右，最大误差不超过 2m。

3.1.5 峰峰值时间差法斜切测距公式推导

以上所述的峰峰值时间差法是建立在被探测目标横向穿过 PIR 传感器探测视线（视场方向中心线）的探测条件下的。如果横向穿过的探测条件不成立，如被探测目标斜向穿过 PIR 传感器探测视线，那么直接应用峰峰值时间差法横切测距公式，显然会得到有误差的测距结果。

尝试考虑图 3-8 所示的测距问题，假设目标运动方向由左至右，在 A 点距离处，目标横切穿过时（0°方向）通过视场区的距离最短，而目标沿 60°方向运动时通过的距离明显比横切穿过时长。由此可见，目标沿不同方向运动时所测得的信号峰峰值时间差 Δt 存在较大差异，仅利用横切条件峰峰值时间差法测距将存在较大的误差。

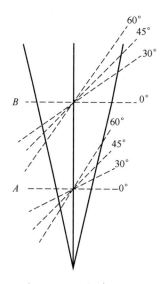

图 3-8 目标沿不同方向横切视场运动示意图

表 3-2 为目标在 10m 位置处，以不同角度方向通过 PIR 视场时用横切条件峰峰值时间差法测距所得到的测量结果。

表 3-2 目标斜切穿过 PIR 视场时用横切条件峰峰值时间差法测距结果

行进角度/(°)	测 量 结 果		
	真实距离/m	多次测量距离平均值/m	测量误差/m
0°	10	10.7	0.7
30°		13.9	3.9
45°		21.6	11.6
60°		27.7	17.7

由表 3-2 可以看出：目标在固定的距离处，以不同角度通过 PIR 视场时仅用横切条件峰峰值时间差法测距存在明显的误差；而且斜切角度越大，误差越大。

观察目标斜切穿过 PIR 视场时 PIR 传感器的信号波形，可以发现，斜切波形相对于横切波形有明显差异，具体表现为：随着角度的不断增大，正负半轴波形持续的时间占整个波形的时间比例存在差异。在 10m 距离处目标以不同角度方向斜切穿过 PIR 视场时的信号波形如表 3-3 所列。

表 3-3   目标在 10m 距离处以不同斜切穿过时的 PIR 信号波形

运 动 方 向	0°	30°	45°	60°
信号波形				

为了便于分析，PIR 信号波形可抽象如图 3-9 所示。

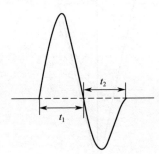

图 3-9   目标通过 PIR 传感器视场时的信号波形图

在图 3-9 中，t_1 表示目标热释电信号正半轴时间，t_2 表示目标热释电信号负半轴时间。T 表示信号出现的总时间，$T = t_1 + t_2$。假定，目标运动方向从左至右，目标（人体）运动速度保持在 $1.1 \sim 1.5\text{m/s}$（成人正常步速），目标通过探测视场中轴线的距离为图 3-8 中的 A 线位置。

在图 3-8 中，以传感器探测视场中轴线为分界点，当目标以 0° 方向进入视场时，经过中轴线两边的视区距离对称，长度相当，以 30° 方向运动时，目标经过探测视场左侧的视区距离较右侧的视区距离略短，同理，当目标以更大角度通过探测节点时，经过左侧视区的距离比右侧短更多。参见图 3-9，令 $k = t_1/t_2$，当目标以不同角度方向通过探测视场时，比例系数 k 的值将各不相同，当目标从 0° 逐渐过渡到 60° 方向时，比例系数 k 值将呈现逐渐减小的趋势。

此外，目标从同一距离处沿不同角度方向通过探测节点时所产生的热释电信

号总时间 T 也各不相同。以图 3-8 为例，不同角度方向产生的信号总时间 T 存在差异是由于目标沿不同角度方向运动时经过的探测视场距离不同。当目标均沿 0°方向（横切）通过时，其信号总时间 T 将小于 30°斜切通过的总时间，更远小于60°斜切通过的总时间。由此可见，从理论上来说，推算得出目标离探测传感器的距离就应该考虑比例系数 k 和总时间 T。

对于目标斜切穿过 PIR 视场测距问题的分析可利用图 3-10 所示的目标斜切视场分析图。假设目标斜切探测视场的路径为 AB 段直线，其中 O 点为探测传感器所在位置，d 为目标距传感器的距离，点 E 为探测视场中轴线与横切线（图中 CD 段直线）的交点，目标斜切视场运动角度为 θ，l_1 和 l_2 分别为目标从 A 点到 E 点的距离和从 E 点到 B 点的距离，l 为点 C 到点 E 的距离，角度 γ 为加了红外透镜后传感器的 1/2 探测视场角，为已知量。设 AB 段长度为 L。

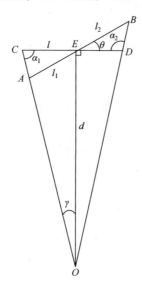

图 3-10　目标斜切视场路径示意图

由图 3-10，对于直角三角形 OCE，有

$$l = d \cdot \tan\gamma \tag{3-5}$$

$$\alpha_1 + \gamma = \frac{\pi}{2} \tag{3-6}$$

考虑三角形 ACE，由正弦定理，有

$$\frac{l_1}{\sin\alpha_1} = \frac{l}{\sin(\pi - \alpha_1 - \theta)} \tag{3-7}$$

由式（3-5）、式（3-6）和式（3-7），有

$$\frac{l_1}{\sin\alpha_1} = \frac{l}{\sin(\alpha_1 + \theta)} = \frac{l}{\sin\alpha_1\cos\theta + \cos\alpha_1\sin\theta} \tag{3-8}$$

$$l_1 = \frac{l\sin\alpha_1}{\sin\alpha_1\cos\theta + \cos\alpha_1\sin\theta}$$

$$= \frac{l\cos\gamma}{\cos\gamma\cos\theta + \sin\gamma\sin\theta} = \frac{d\sin\gamma}{\cos\gamma\cos\theta + \sin\gamma\sin\theta} \tag{3-9}$$

对于三角形 EBD，有

$$\frac{l_2}{\sin\alpha_2} = \frac{l}{\sin(\pi - \alpha_2 - \theta)} \tag{3-10}$$

$$\alpha_2 = \frac{\pi}{2} + \gamma \tag{3-11}$$

$$\frac{l_2}{\sin\alpha_2} = \frac{l}{\sin(\alpha_2 + \theta)} \tag{3-12}$$

结合式（3-11）和式（3-12），有

$$l_2 = \frac{l\sin\alpha_2}{\sin\alpha_2\cos\theta + \cos\alpha_2\sin\theta} = \frac{l\cos\gamma}{\cos\gamma\cos\theta - \sin\gamma\sin\theta} = \frac{d\sin\gamma}{\cos\gamma\cos\theta - \sin\gamma\sin\theta} \tag{3-13}$$

又知 $AB = L$，由此可得

$$L = l_1 + l_2 = d\sin\gamma\left(\frac{1}{\cos\gamma\cos\theta + \sin\gamma\sin\theta} + \frac{1}{\cos\gamma\cos\theta - \sin\gamma\sin\theta}\right)$$

$$= d\sin\gamma\left(\frac{1}{\cos(\theta - \gamma)} + \frac{1}{\cos(\theta + \gamma)}\right) \tag{3-14}$$

设信号比例系数为 k，信号总时间为 T，由式（3-9）和式（3-13），有

$$k = \frac{l_1}{l_2} = \frac{\cos(\theta + \gamma)}{\cos(\theta - \gamma)} \tag{3-15}$$

$$T = \frac{L}{v} = \frac{d\sin\gamma\left(\dfrac{1}{\cos(\theta - \gamma)} + \dfrac{1}{\cos(\theta + \gamma)}\right)}{v} \tag{3-16}$$

式（3-16）可进一步整理为

$$d = \frac{vT}{\sin\gamma\left(\dfrac{1}{\cos(\theta - \gamma)} + \dfrac{1}{\cos(\theta + \gamma)}\right)} \tag{3-17}$$

对一个确定的目标热释电信号来说，比例系数 k 与总时间 T 可通过信号处理测算出来。这样一来，当 k 已知时，可由式（3-15）反推出目标运动方向的角度 θ，进而当总时间 T 已得时，可由式（3-17）得到运动目标距探测节点的距离 d，从而实现目标距离的量测。

根据式（3-15）和式（3-17），在目标距传感器距离 d，目标行进速度 v，1/2 探测视场角 γ 已知的情况下，可以计算得到在固定距离和固定斜切角度下的比例系数 k 以及总时间 T，计算结果如表 3-4 和表 3-5 所列。

表3-4 固定角度下比例系数 k 值的计算结果

比例系数值 k	运动角度/(°)			
	0	30	45	60
由近至远	1	0.9412	0.9004	0.8335
由远至近	1	1.0624	1.1106	1.1997

表3-5 固定距离和固定角度下的总时间 T 值（单位：s）

目标距离/m	运动角度/(°)			
	0	30	45	60
10	0.8063	0.9319	1.1434	1.6259
15	1.2094	1.3978	1.7151	2.4389
20	1.6125	1.8637	2.2868	3.25192
25	2.0157	2.3296	2.8585	4.0649
30	2.4188	2.7956	3.4302	4.8778
35	2.8220	3.2615	4.0018	5.6908

表3-4 为固定斜切角度下比例系数 k 值的计算结果。表中"由近至远"表示目标靠近探测节点进入探测视场，"由远至近"表示目标远离探测节点出探测视场。在图3-10 中，"由近至远"是指目标从左侧运动至右侧过程中，目标从 A 点进从 B 点出，相反，"由远至近"表示目标从 B 点进 A 点出。

表3-5 为固定距离和固定角度下总时间值 T 的计算结果。

图3-11 和图3-12 分别为表3-4 和表3-5 统计数据的曲线表示。

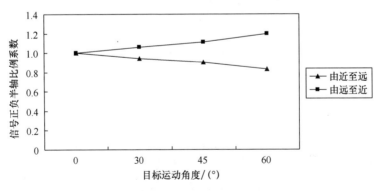

图3-11 信号比例系数 k 与目标运动角度的关系曲线

从图3-11 可以看出，比例系数 k 与目标运动角度 θ 呈现线性对应关系。从图3-12 可以看出，总时间 T 与目标距离呈现线性对应关系。只要找出目标热电信号中所蕴含的 k 与 T 值信息，便能测得目标沿不同斜切角度方向运动时相对探测节点的距离。

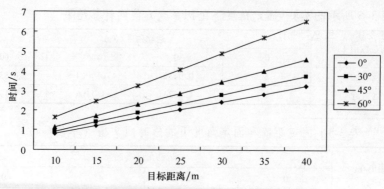

图 3-12　信号总时间 T 与目标运动角度关系曲线

3.1.6　峰峰值时间差斜切测距方法应用实例

根据前述的峰峰值时间差斜切测距法，总时间 $T = 2\Delta t$，求取总时间 T 的过程就是求取峰峰值时间差 Δt 的过程。对目标的测距过程首先是求取热释电信号中所蕴含的 k 与 Δt 值。图 3-13 为峰峰值时间差斜切测距法的实施流程图。

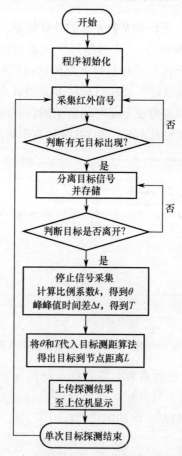

图 3-13　峰峰值时间差斜切测距法的实施流程图

将表 3-6 所示的实测数据与前述的表 3-2 对比，可以看出：先求取热释电信号中所蕴含的 k 与 Δt 值再计算目标距离的峰峰值时间差斜切测距法确实有效。在目标斜切运动条件为 10m 测距时，用横切测距法的测距误差达到了 17.7m，而用斜切测距法的测距误差最高不超过 2.3m。

表 3-6　峰峰值时间差斜切测距实测结果

实际距离/m	目标行进角度/(°)	多次测量平均值/m	测距误差/m
10	0	10.4	0.4
	30	10.7	0.7
	45	11.7	1.7
	60	12.3	2.3
15	0	15.4	0.4
	30	15.7	0.7
	45	16.9	1.9
	60	17.5	2.5
20	0	20.9	0.9
	30	21.2	1.2
	45	22.3	2.3
	60	22.9	2.9

3.1.7　峰峰值时间差法测距法应用的可行性讨论

假设目标运动速度 v 和目标运动角度 θ 已知，目标横切穿过 PIR 视场时，无论目标什么运动方向，根据 PIR 信号测得峰峰值时间差 Δt 后，可用测距公式（3-18）计算出目标与 PIR 传感器的距离 d：

$$d = \frac{v2\Delta t}{2\tan\gamma} = \frac{v\Delta t}{\tan\gamma} \tag{3-18}$$

假设目标运动速度 v 和视场角 2γ 已知，目标斜切穿过 PIR 视场时，可量测 PIR 信号波形得到比例系数 t_1 和 t_2（t_1 表示目标热释电信号正半轴时间，t_2 表示目标热释电信号负半轴时间），进而利用 $k=t_1/t_2$，可求得比例系数 k，进而利用式（3-19）求出斜切角度 θ：

$$k = \frac{\cos(\theta+\gamma)}{\cos(\theta-\gamma)} \tag{3-19}$$

最后利用 $T=t_1+t_2$ 和斜切测距公式（3-20），可计算出目标与 PIR 传感器的距离 d：

$$d = \frac{vT}{\sin\gamma\left(\dfrac{1}{\cos(\theta-\gamma)}+\dfrac{1}{\cos(\theta+\gamma)}\right)} \tag{3-20}$$

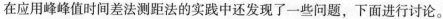
在应用峰峰值时间差法测距法的实践中还发现了一些问题，下面进行讨论。

（1）波形参数的量测误差问题。应用峰峰值时间差法测距，如前所述需要先根据热释电信号测取波形参数 Δt 或 t_1 和 t_2。通常是编写一段计算机程序，让计算机自动处理热释电信号来完成波形参数的测取任务。实践结果表明：波形参数的测取准确度与多种因素相关，如果处理不当，测取精度将大大降低。首先是起点阈值的确定，设置太低易误判，设置太高易迟判，需要有一个阈值参数的整定过程；其次是信号采样率的选取，太低则误差太大，太高面临高成本或实现困难，需要一个优选过程；最后是电子噪声或环境干扰使波形扭曲变形后带来的参数测取误差，这需要加信号降噪程序和针对性的抗干扰纠偏程序。

（2）PIR 探测器本身参数的标定问题。PIR 探测器本身参数也会对测距结果造成影响。如视场角 θ，每一台 PIR 探测器的设计参数规定是 3°，但由于制作偏差和调试工艺执行偏差，可能就不是 3°，而在测距计算中带入的 θ 值还是 3°，结果形成一个误差源。因此，每一台 PIR 探测器都是需要标定的，标定的参数应当不只是视场角 θ，还应当包括探测灵敏度和探测焦距等。

（3）背景噪声的影响。PIR 探测器最后得到的信号是目标信号和背景噪声信号的叠加，所以背景噪声的大小对应用峰峰值时间差法测距影响很大。如果背景噪声大到淹没目标信号，那么不管用什么方法都完成不了测距任务。背景噪声可分为 PIR 探测器本身带来的电子噪声和随热辐射波进来的背景热辐射。对于电子噪声可用滤波的技术手段予以降低，但是对于背景热辐射噪声不易处理。例如，后述的 PIR 探测器实验中遇到的情况，目标的热辐射通过背景墙反光，这些反光波直接影响了峰峰值时间差法测距的精确度。

（4）目标运动速度的影响。在上述的峰峰值时间差法测距论述中，目标的运动速度被假定为匀速。实际中，目标的运动速度不可能一直保持匀速。当目标的运动速度变化时，所测得的热释电信号就是非匀速下的热释电信号。若是把非匀速下的热释电信号当作匀速下的热释电信号来处理，那么所得到的测距结果就不可避免地带有误差。这个问题在目标的运动速度变化较大时是不容忽略的。

（5）目标运动方向的影响。同样，在前述的峰峰值时间差法测距论述中，目标的运动方向被假定为直线。实际中，目标的运动方向不可能一直保持直线。当目标的运动方向变化时，所测得的热释电信号就是非直线下的热释电信号。若是把非直线下的热释电信号当作直线下的热释电信号来处理，那么所得到的测距结果就不可避免地带有误差。这个问题在目标的运动方向变化较大时也是不容忽略的。

（6）斜切角度的影响。在应用峰峰值时间差法测距法的实践中可以发现：当目标运动斜切角度大于 45°后，测距误差明显变大。这说明峰峰值时间差法测距法在目标运动斜切角度偏大的场合下，误差大，不好用。观察表 3-3 中的目标运动斜切角度偏大时的热释电信号波形，可以看出：斜切角度增大后，目标距离传感器较远的那段信号波，幅度变小扭曲变大，波形参数的测取就更不准了。

3.2 基于静态 PIR 探测网域的入侵目标定位

每个 PIR 传感器在有效探测视场范围内都能探测到入侵目标的 3 个信息：通过 PIR 视场的运动方向（相对于 PIR 视线方向，从左至右或从右至左）、通过 PIR 视场中心线垂线的角度 θ 和通过 PIR 视场中心线时目标至 PIR 传感器的距离 d（图 3-10）。当 PIR 传感器发现入侵目标通过时必出现 PIR 探测波。当先出现正向波，后出现负向波时，说明通过 PIR 视场的运动方向为从左至右；而先出现负向波，后出现正向波时，说明通过 PIR 视场的运动方向为从右至左。当正向波和负向波的宽度一样时，说明入侵目标横切 PIR 视场运动，通过 PIR 视场中心线垂线的角度 θ 为 0。当正向波和负向波的宽度不一样时，说明入侵目标斜切 PIR 视场运动，通过 PIR 视场中心线垂线的角度 θ 不为 0，且 θ 数值可以根据正向波与负向波的波形宽度比推算出来（式（3-19）），进而根据 PIR 探测波的总宽度推算出距离 d（式（3-20））。

在入侵目标穿行静态 PIR 探测网的过程中，每当目标通过某段探测网网线时，将会被该网线两端的节点处的 PIR 传感器发现。相邻的两个 PIR 传感器将同时发现目标，并各自给出探测数据，这就为提高探测准确度创造了条件。研究表明，把一个目标的两套具有相同准确度的探测数据科学地融合在一起，就可以得到具有更高准确度的探测结果。下面介绍的两节点对瞄时的目标定位就可以证明这一点。

3.2.1 静态 PIR 探测两节点对瞄时的目标定位

用 3.1 节所述的峰峰值时间差法可以实现静态 PIR 探测网域中各节点的静态 PIR 探测器对横切或斜切通过目标的测距。具体测距过程可简述为：首先据探测信号波形量测出 t_1 和 t_2；然后计算出 $k = t_1/t_2$，若 k 等于 1，则用式（3-18）计算目标横切运动时离探测器的距离，若 k 大于或小于 1，则利用式（3-19）求出斜切角 θ；最后用式（3-20）计算目标斜切运动时离探测器的距离。

假设静态 PIR 探测两节点对瞄时获得两个测距结果。定义 d_1 为两节点对瞄时其中一个节点（设为节点 1）至目标的距离。定义 d_2 为两节点对瞄时其中另一个节点（设为节点 2）至目标的距离，则两节点对瞄最终测距结果可用算术平均法计算：

$$d = \frac{d_1 + L - d_2}{2} \tag{3-21}$$

式中：L 为对瞄两节点间的距离。这个两节点对瞄最终测距结果用目标距节点 1 的距离 d 来表示。

根据参考文献［62］所述的实验，实验数据如表 3-7 所列。

表 3-7 对瞄后对所测距离的修正结果

实际距离/m	PIR2 测量距离换算到相对 PIR1 的距离/m	平均距离 /m	测距误差/m
20	20.2	20.2	0.2
	20.6	20.7	0.7
	19.2	20.2	0.2
	18.4	20.2	0.2
15	15.3	15.2	0.2
	15.9	15.7	0.7
	14.6	15.3	0.3
	12.9	15.1	0.1
10	10.1	10.2	0.2
	9.0	9.9	0.1
	8.4	9.9	0.1
	7.9	10.1	0.1

从表 3-7 的数据不难看出，对瞄后实现运动目标距离的测量相较仅用信号峰峰值时间差 Δt 实现的目标测距误差得到了极大地减小，进而也说明利用对瞄后的峰峰值时间差法测距是正确的和可行的。

3.2.2 基于静态 PIR 十字节点探测网域的入侵目标定位

静态 PIR 十字节点网域的目标定位可以利用两节点对瞄定位方法来提高定位精度。在静态 PIR 十字节点网域中每个节点设有 4 个 PIR 探测器，探测方向分别为上、下、左、右。每个节点和周围节点可形成 4 对对瞄定位数据。

对于静态 PIR 十字节点网域的每一个节点对应于 4 个探测方向将可产生 4 个节点数据：

$$\{z_1 \quad \theta_1 = 0° \quad \alpha_1 \quad t\}, \{z_2 \quad \theta_2 = 90° \quad \alpha_2 \quad t\},$$
$$\{z_3 \quad \theta_3 = 180° \quad \alpha_3 \quad t\}, \{z_4 \quad \theta_4 = 270° \quad \alpha_4 \quad t\}$$

式中：z_i 为极径；θ_i 为探测方向角；α_i 为目标运动方向角（粗略测定）；t 为发现时刻。

设某静态 PIR 十字节点网域有 N 个节点（每个节点的坐标已确定为 $\{x \quad y\}_j$），每个节点有 4 个探测线数据，则有 N 组数据：

$$\{z_i \quad \theta_i \quad \alpha_i \quad t\}_j$$

式中：i 为节点探测方向序号（$i = 1, 2, 3, 4$）；j 为节点编号（$j = 1, 2, \cdots, N$）。

根据网络的连接线关系，可将配对的两个连结线数据进行对瞄处理，以便得出更准确的极径数据：

$$\{\bar{z}_i \quad \theta_i \quad \alpha_i \quad t\}_j$$

3.2.3 基于静态 PIR 米字节点探测网域的入侵目标定位

静态 PIR 米字节点网域的目标定位也可以利用两节点对瞄定位方法来提高定位精度。在静态 PIR 米字节点网域中每个节点设有 8 个 PIR 探测器，探测方向分别为 0°、45°、90°、135°、180°、225°、270°、315°，每个节点和周围节点可形成 8 对对瞄定位数据。

对于静态 PIR 米字节点网域的每一个节点，对应于 8 个探测方向将可产生 8 个节点数据：

$$\{z_1 \quad \theta_1 = 0° \quad \alpha_1 \quad t\}, \{z_2 \quad \theta_2 = 45° \quad \alpha_2 \quad t\},$$
$$\{z_3 \quad \theta_3 = 90° \quad \alpha_3 \quad t\}, \{z_4 \quad \theta_4 = 135° \quad \alpha_4 \quad t\},$$
$$\{z_5 \quad \theta_5 = 180° \quad \alpha_5 \quad t\}, \{z_6 \quad \theta_6 = 225° \quad \alpha_6 \quad t\},$$
$$\{z_7 \quad \theta_7 = 270° \quad \alpha_7 \quad t\}, \{z_8 \quad \theta_8 = 310° \quad \alpha_8 \quad t\}$$

式中：z_i 为极径；θ_i 为探测方向角；α_i 为目标运动方向角（粗略测定）；t 发现时刻。

设某静态 PIR 米字节点网域有 N 个节点（每个节点的坐标已确定为 $\{x \quad y\}_j$），每个节点有 8 个探测线数据，则有 N 组数据：

$$\{z_i \quad \theta_i \quad \alpha_i \quad t\}_j$$

式中：i 为节点探测方向序号（$i = 1,2,3,4,5,6,7,8$）；j 为节点编号（$j = 1, 2, \cdots, N$）。

根据网络的连接线关系，可将配对的两个连接线数据进行对瞄处理，以便得出更准确的极径数据：

$$\{\bar{z_i} \quad \theta_i \quad \alpha_i \quad t\}_j$$

3.2.4 基于静态 PIR 木字节点探测网域的入侵目标定位

静态 PIR 木字节点网域的目标定位也可以利用两节点对瞄定位方法来提高定位精度。在静态 PIR 木字节点网域中每个节点设有 6 个 PIR 传感器，探测方向分别为：0°、60°、120°、180°、240°、300°。每个节点和周围节点可形成 6 对对瞄定位数据。

对于静态 PIR 木字节点网域的每一个节点对应于 6 个探测方向将可产生 6 个节点数据：

$$\{z_1 \quad \theta_1 = 0° \quad \alpha_1 \quad t\}, \{z_2 \quad \theta_2 = 60° \quad \alpha_2 \quad t\},$$
$$\{z_3 \quad \theta_3 = 120° \quad \alpha_3 \quad t\}, \{z_4 \quad \theta_4 = 180° \quad \alpha_4 \quad t\},$$
$$\{z_5 \quad \theta_5 = 240° \quad \alpha_5 \quad t\}, \{z_6 \quad \theta_6 = 300° \quad \alpha_6 \quad t\}$$

式中：z_i 为极径；θ_i 为探测方向角；α_i 为目标运动方向角（粗略测定）；t 为发现时刻。

设某静态 PIR 木字节点网域有 N 个节点（每个节点的坐标已确定为 $\{x \quad y\}_j$），每个节点有 6 个探测线数据，则有 N 组数据：

$$\{z_i \quad \theta_i \quad \alpha_i \quad t\}_j$$

式中：i 为节点探测方向序号（$i=1,2,3,4,5,6$）；j 为节点编号（$j=1,2,\cdots,N$）。

根据网络的连接线关系，可将配对的两个连接线数据进行对瞄处理，以便得出更准确的极径数据：

$$\{\bar{z}_i \quad \theta_i \quad \alpha_i \quad t\}_j$$

3.2.5 基于静态 PIR 丫字节点探测网域的入侵目标定位

静态 PIR 丫字节点网域的目标定位同样可以利用两节点对瞄定位方法来提高定位精度。在静态 PIR 丫字节点网域中每个节点设有 3 个 PIR 传感器，探测方向分别为：$60°$、$180°$、$-60°$。每个节点和周围节点可形成 3 对对瞄定位数据。

对于静态 PIR 木字节点网域的每一个节点对应于 3 个探测方向将可产生 3 个节点数据：

$$\{z_1 \quad \theta_1 = 60° \quad \alpha_1 \quad t\}, \{z_2 \quad \theta_2 = 180° \quad \alpha_2 \quad t\}, \{z_3 \quad \theta_3 = -60° \quad \alpha_3 \quad t\}$$

式中：z_i 为极径；θ_i 为探测方向角；α_i 为目标运动方向角（粗略测定）；t 为发现时刻。

设某静态 PIR 木字节点网域有 N 个节点（每个节点的坐标已确定为 $\{x \quad y\}_j$），每个节点有 3 个探测线数据，则有 N 组数据：

$$\{z_i \quad \theta_i \quad \alpha_i \quad t\}_j$$

式中：i 为节点探测方向序号（$i=1,2,3$）；j 为节点编号（$j=1,2,\cdots,N$）。

根据网络的连接线关系，可将配对的两个连接线数据进行对瞄处理，以便得出更准确的极径数据：

$$\{\bar{z}_i \quad \theta_i \quad \alpha_i \quad t\}_j$$

第4章 基于动态 PIR 网域探测的
入侵目标定位方法

如前所述，静态 PIR 探测器感知视角大，但最大感知距离小；而加装红外光学透镜的 PIR 探测器能够增加感知距离，但缩小了感知视角。感知视角大意味着对目标探测的发现中心角度的探测精度小。就目标发现角的探测精度而言，PIR 探测器感知视角是越小越好。加装红外光学透镜的静态 PIR 探测器的感知视角可以做到3°，其目标发现角度的探测精度是相当高的。然而，当探测器感知视角很小时，就不能满足无盲区的监视视场要求。因此，加装红外光学透镜的动态 PIR 探测器被提出，它可以满足感知距离大、监视视场无盲区且发现角的探测精度高的要求。正是窄感知视角动态 PIR 探测器的目标发现角度的高精度探测性能，才保证了下述基于目标发现探测角的目标定位法的有效性。

加装红外光学透镜的动态 PIR 探测器的目标发现角探测精度虽然很高但是探测目标距探测器距离的精度很低，因此其测距能力是无法利用的。只知道目标发现角而不知道目标的距离是无法通过一般方法进行入侵目标定位的，所以 4.2 节给出了方位探测角射线交叉定位的解决方案，4.4 节又提出了方位探测角方程联立求解定位的解决方案，这两种方案的本质都是依赖目标发现的方位探测角来解决目标定位问题。

4.1 动态 PIR 正方形网眼探测的目标定位问题

动态 PIR 正方形网眼探测的目标定位问题可按探测条件、探测设备、探测过程和探测要求陈述如下。

1) 探测条件

(1) 被探测目标类型：人或车；

(2) 被探测目标的运动速度范围：车为 0 ~ 30km/h（0 ~ 8.3m/s）；人为 0 ~ 5km/h（0 ~ 1.39m/s）；

(3) 动态 PIR 正方形探测网眼：PIR 探测器布点网格形状为四边形；PIR 探测器布点网格尺寸为 $(50 \times 50)\,m^2$ 或 $(20 \times 20)\,m^2$；PIR 探测网域节点设备为正方形网眼 PIR 动态探测基站，参见 2.3.1 节。

2) 探测设备

正方形网眼 PIR 动态探测基站由 4 个 PIR 动态扫描探测器组成。在一个可转动的探测柱上安置了 4 个加红外透镜的 PIR 探测器。4 个动态 PIR 探测器安置在可转动的探测柱上，并且探测方向是两两相互垂直，构成十字形阵列，该探测柱由电机驱动，进行 90°往复式的匀角速度转动。用该动态扫描 PIR 探测基站就可实现 360°无视角盲区的红外探测，探测半径约为 50m。

3）探测过程

若将正方形网眼 PIR 动态探测基站的 4 个 PIR 探测器分别标注为 PIR1、PIR2、PIR3 和 PIR4，则在一个动态扫描 PIR 探测周期内，PIR 动态探测器的扫描旋转方向如图 4-1 所示。往复式匀速旋转，先顺时针 0°→90°（上半帧），再逆时针（下半帧）90°→0°。转台旋转速度为 10(°)/s；扫描周期为上半帧 9s，下半帧 9s，总共 18s。

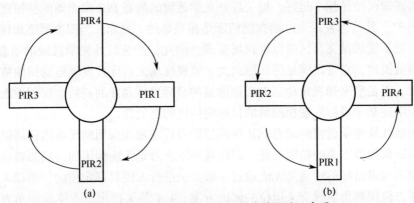

图 4-1 动态扫描 PIR 探测转台旋转运动示意图
（a）顺时针转；（b）逆时针转。

每个正方形网眼有 4 个相关扫描 PIR 探测器，分别设在 4 个不同的 PIR 动态探测基站内。因为整个网域内各个节点都设计为同步动态扫描，所以每个正方形网眼相关的 4 个扫描 PIR 探测器为同步扫描运动，如图 4-2 所示。注意，每个正方形网眼所含的 4 个扫描 PIR 探测器分别属于 4 个基站，所以图中的 PIR1 应属于网眼西北角探测基站，PIR2 属于网眼东北角探测基站，PIR3 属于网眼东南角探测基站，而 PIR4 属于网眼西南角探测基站。严密地表述还应该加西北、东北、东南和西南标注，但是为了表述简明起见，后面的论述中依然沿用了图 4-1 的标注。

各探测基站的 4 个扫描 PIR 探测器，在一个扫描周期内，扫描转角随时间变化规律如图 4-3 所示。

4）探测要求

在上述的探测条件下，应用 4 个正方形网眼 PIR 动态探测基站的 4 个 PIR 探测器探测人或车这类入侵目标，要求通过一个或几个周期的探测过程来确定入侵目标在正方形网眼范围内的位置、运动方向，以及运动轨迹。

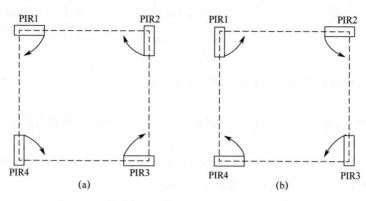

图 4-2 网格单元 4 个相关扫描 PIR 同步旋转示意图

（a）上半帧扫描-顺时针转；（b）下半帧扫描-逆时针转。

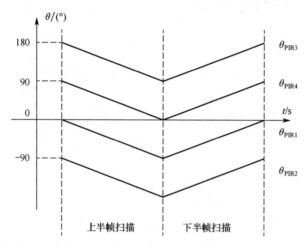

图 4-3 各扫描 PIR 探测器在一个扫描周期内的转角变化

4.2 方位角射线交叉定位法

4.2.1 方位角射线交叉定位法及推导

1. 四方形网眼西侧两基站方位探测角射线交叉定位

四方形网眼西侧两基站的探测交叉定位如图 4-4 所示。设处在点 A 处的传感器 PIR1 在半帧期方位探测的结果是在 β 角射线方向发现目标 OBT；而处在点 B 处的传感器 PIR4 在同一半帧期方位探测的结果是在 α 角射线方向发现目标 OBT；则从点 A 作 β 角射线和从点 B 作 α 角射线，两线交于点 C。根据 $\triangle ADC$ 和 $\triangle BEC$，可得到式（4-1）、式（4-2）和式（4-3）：

$$y_1 = x \tan \beta \tag{4-1}$$

$$y_2 = x \tan \alpha \tag{4-2}$$

$$x = z \cos \alpha \tag{4-3}$$

已知网格边长值为 Y，又显见式（4-4）成立：

$$y_1 + y_2 = Y \tag{4-4}$$

联立式（4-1）~式（4-4），可根据式（4-5）求得点 A 距目标的距离：

$$z = \frac{Y}{\cos\alpha(\tan\alpha + \tan\beta)} \tag{4-5}$$

于是目标 OBT 所处的 C 点可定位为 $\{\alpha, z\}$。

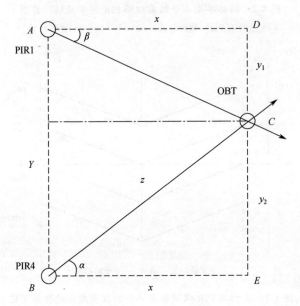

图4-4　四方形网眼西侧两基站探测角射线交叉定位法示意图

2. 四方形网眼北侧两基站角射线交叉定位

四方形网眼北侧两基站方位探测角射线交叉定位图（图4-5）相当于上述图4-4顺时针旋转90°，所以计算从 A 点到目标的距离公式，用式（4-5）依然有效。但是定位角为 $-\theta$。所以 C 点定位为 $\{-\theta, z\}$，即 $\{-(90-\alpha), z\}$。

3. 四方形网眼东侧两基站探测角射线交叉定位

四方形网眼东侧两基站方位探测角射线交叉定位图（图4-6）相当于四方形网眼西侧两基站方位探测角射线交叉定位图（图4-4）顺时针旋转180°，所以计算从 PIR2 到目标的距离公式，用式（4-5）依然有效。但是定位角为 $180° + \alpha$。所以，C 点定位为 $\{180° + \alpha, z\}$。

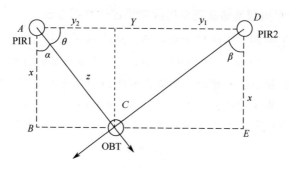

图 4-5　四方形网眼北侧两基站方位探测交叉定位图

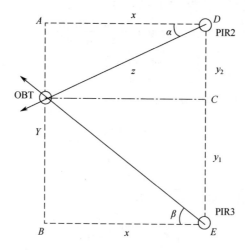

图 4-6　四方形网眼东侧两基站方位探测角射线交叉定位图

4. 四方形网眼南侧两基站方位探测角射线交叉定位

　　四方形网眼南侧两基站探测角射线交叉定位图（图4-7）相当于四方形网眼西侧两基站探测角射线交叉定位图（图4-4）逆时针旋转90°，所以计算从 PIR3 到目标的距离公式，用式（4-5）依然有效。但是定位角为 $90° + \alpha$。所以，C 点定位为 $\{90° + \alpha, z\}$。

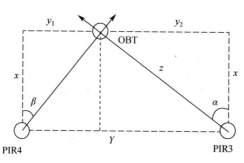

图 4-7　四方形网眼南侧双传感器探测角射线交叉定位图

5. 四方形网眼相邻基站探测角射线交叉定位数据综合

在一个扫描半帧期，当网格单元 4 侧基站两两探测角射线交叉定位完成后将产生 4 个定位数据：$\{\alpha, z\}$、$\{-(90° - \alpha), z\}$、$\{180° + \alpha, z\}$ 和 $\{90° + \alpha, z\}$。但这 4 个定位数据的基点各不相同，所以需要进行坐标变换。假设统一以四方形网眼左下角为基点，则可导出换算公式，见式（4-6）~式（4-9）。

对于以四方形网眼左下角为基点的原左下角数据 $\{\alpha, z\}$，有

$$\begin{cases} \alpha_4 = \alpha \\ z_4 = z \end{cases} \tag{4-6}$$

对于原左上角数据 $\{-(90 - \alpha), z\}$，有

$$\begin{cases} \alpha_1 = \arctan \dfrac{Y - z\sin(90 - \alpha)}{z\cos(90 - \alpha)} \\ z_1 = z\dfrac{\cos(90 - \alpha)}{\cos\alpha_1} \end{cases} \tag{4-7}$$

对于原右上角数据 $\{180 + \alpha, z\}$，有

$$\begin{cases} \alpha_2 = \arctan \dfrac{Y - z\cos\alpha}{Y - z\sin\alpha} \\ z_2 = \dfrac{Y - z\cos\alpha}{\cos\alpha_2} \end{cases} \tag{4-8}$$

对于原右下角数据 $\{90° + \alpha, z\}$，有

$$\begin{cases} \alpha_3 = \arctan \dfrac{z\cos\alpha}{Y - z\sin\alpha} \\ z_3 = \dfrac{z\cos\alpha}{\sin\alpha_3} \end{cases} \tag{4-9}$$

四方形网眼定位数据综合结果为（图 4-8）

$$\begin{cases} \theta = \dfrac{\alpha_1 + \alpha_2 + \alpha_3 + \alpha_4}{4} \\ z = \dfrac{z_1 + z_2 + z_3 + z_4}{4} \end{cases} \tag{4-10}$$

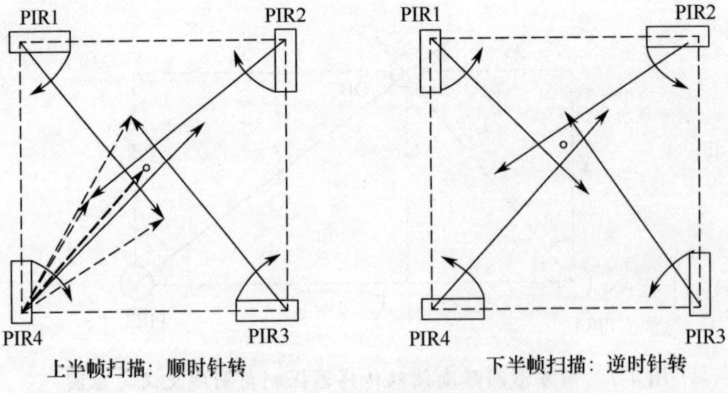

图 4-8　四方形网眼四侧定位数据综合

在以上的推导过程中，并没有区别上半帧扫描和下半帧扫描，是因为两个探测角射线交叉的定位结果不受此影响。但是，在下述的探测角射线交叉定位误差计算推导时需要先将其加以区别。

4.2.2 方位探测角射线交叉定位法的定位误差分析和修正

上述的相邻 PIR 探测基站的探测角射线交叉定位计算并未考虑每站 PIR 探测到目标的时刻并非是同一时刻的情况。所以，当两站探测到目标的时刻有差别时，就可能产生定位误差。并且这个误差和被探测目标的运动速度及方向有关。被探测目标运动的速度越快，可以肯定定位误差将越大。被探测目标运动的方向和扫描射线的方向是正交还是斜交，扫描圆弧的切线方向与被探测目标运动方向的夹角不同，均会造成一定的定位误差。因此，对这个误差进行修正是必要的。

假设被探测目标以速度 v 沿方向角 θ 运动；再假设相邻 PIR 探测基站先探测到目标的时刻为 t_1，后探测到目标的时刻为 t_2。则有时间差：

$$\Delta t = t_2 - t_1 \qquad (4\text{-}11)$$

目标将在这段时间内沿方向角 θ 移动距离为

$$\Delta v = v \times \Delta t \qquad (4\text{-}12)$$

1. 顺时针扫描时四方形网眼西侧两基站探测角射线交叉定位修正

1）PIR4 探测基站先发现目标

（1）$\phi = \alpha + \beta < 90°$。如图 4-9 所示，设 α 角探出时刻为 t_1，β 角探出时刻为 t_2，有时间差 $\Delta t = t_2 - t_1$。由 α 和 β，据式（4-5）可求得距离 z_1，z_1 与准确值 z 差值为

$$\Delta z = z_1 - z \qquad (4\text{-}13)$$

显然，未修正时，目标定位在 C 点，即 $\{\alpha, z_1\}$。若保持角度值 α 不变，则准确的距离值应该是 z，即定在 F 点 $\{\alpha, z\}$。

假设目标沿方向角 θ 以速度为 v 运动，则经 Δt 后移动距离 Δv，从 F 点至 O 点。从 F 点向 AC 线作垂线至 H 点。由直角三角形 FHC，有

$$\frac{h}{\Delta z} = \sin\phi \qquad (4\text{-}14)$$

由直角三角形 FHO，有

$$\frac{h}{\Delta v} = \sin\varphi \qquad (4\text{-}15)$$

可以证明：

$$\phi = \alpha + \beta \qquad (4\text{-}16)$$

$$\varphi = 180° - \theta - \beta \qquad (4\text{-}17)$$

有定位误差的计算公式为

$$\Delta z = \frac{\Delta v \sin\varphi}{\sin\phi} = \frac{\Delta v \sin(180 - \theta - \beta)}{\sin(\alpha + \beta)} \qquad (4\text{-}18)$$

于是，目标定位的距离参数的修正公式为

$$z = z_1 - \Delta z \qquad (4\text{-}19)$$

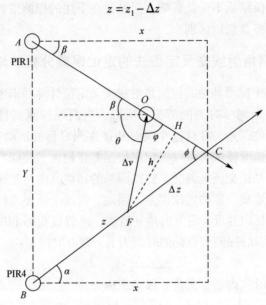

图4-9 网格单元西侧两基站探测角射线交叉定位误差计算图

（2）$\phi = \alpha + \beta > 90°$。假设 $\phi = \alpha + \beta > 90°$，那么定位图如图4-10所示。由直角三角形 FHC，有

$$\frac{h}{\Delta z} = \sin(180° - \phi) \qquad (4\text{-}20)$$

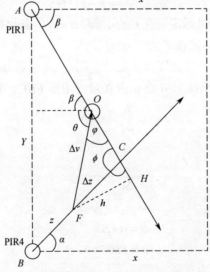

图4-10 PIR4–PIR1定位误差计算图（1）

联立式（4-15）和式（4-17），有定位误差的计算公式为

$$\Delta z = \frac{\Delta v \sin(180° - \theta - \beta)}{\sin(180° - \alpha - \beta)} \qquad (4\text{-}21)$$

2）PIR1 探测基站先发现目标

（1）$\phi = \alpha + \beta < 90°$。

如图 4-11 所示，若设 β 角探出时刻为 t_1，α 角探出时刻为 t_2，有时间差 $\Delta t = t_2 - t_1$。由 α 和 β，据式（4-5）可求得距离 z_1，z_1 与准确值差值为 Δz。

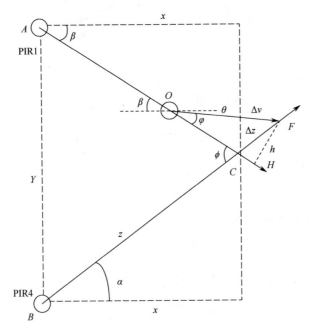

图 4-11　PIR4 - PIR1 定位误差计算图（2）

由直角三角形 FHC，有

$$\frac{h}{\Delta z} = \sin(\alpha + \beta) \qquad (4\text{-}22)$$

由直角三角形 FHO，有

$$\frac{h}{\Delta v} = \sin(\beta - \theta) \qquad (4\text{-}23)$$

联立式（4-22）和式（4-23），有定位误差的计算公式为

$$\Delta z = \frac{\Delta v \sin(\beta - \theta)}{\sin(\alpha + \beta)} \qquad (4\text{-}24)$$

于是，目标据基站的距离的修正式为

$$z = z_1 + \Delta z \qquad (4\text{-}25)$$

（2）$\phi = \alpha + \beta > 90°$。如图 4-12 所示，若设 β 角探出时刻为 t_1，而 α 角探出时刻为 t_2，有时间差 $\Delta t = t_2 - t_1$。由 α 和 β，据式（4-5）可求得距离 z_1，z_1 与准确值差值为 Δz。

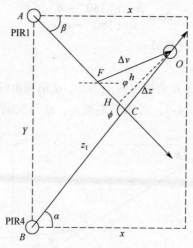

图 4-12 PIR4 – PIR1 定位误差计算图 (3)

由直角三角形 *FHC*, 有

$$\frac{h}{\Delta z} = \sin(180 - \alpha - \beta) \tag{4-26}$$

由直角三角形 *FHO*, 有

$$\frac{h}{\Delta v} = \sin(\beta + \theta) \tag{4-27}$$

联立式 (4-26) 和式 (4-27), 有定位误差的计算公式为

$$\Delta z = \frac{\Delta v \sin(\theta + \beta)}{\sin(180 - \alpha - \beta)} \tag{4-28}$$

于是, 目标据基站的距离的修正式为

$$z = z_1 + \Delta z \tag{4-29}$$

2. 顺时针扫描时四方形网眼北、东、南侧两基站探测角射线交叉定位修正

北侧 (PIR1 – PIR2 侧)、东侧 (PIR2 – PIR3 侧) 和南侧 (PIR3 – PIR4 侧) 定位误差计算公式的推导过程类似西侧 (PIR4 – PIR1 侧) 的推导过程, 这是因为每个定位误差计算图相当于西侧 (PIR4 – PIR1 侧) 的计算图顺时针方向旋转一定角度, 而其对应变量关系不变。但是, 推导时需要区分两方面的具体细节: 一是要区分两基站谁先探测到; 二是要判断探测角射线交叉角是否大于 90°。区分之后, 选用对应的误差计算式计算误差, 选用对应的修正式计算准确距离值。

3. 逆时针扫描时四方形网眼西、北、东、南侧两基站探测角射线交叉定位修正

由于逆时针扫描过程和顺时针扫描过程具有对称性, 就像西侧和北、东、南侧两基站探测交叉定位过程具有类似性一样, 所以逆时针扫描时四方形网眼西、北、东、南侧两基站探测交叉定位修正推导过程也没必要一一介绍, 其定位修正计算公式可以认为和顺时针扫描时相同。

4.2.3 扫描 PIR 的速度畸变及修正

设目标运动方向与半径为 z 的扫描弧线相切，或者是任意目标运动方向矢量在半径为 z 的扫描弧线上的投影，设目标在该方向的运动速度为 v，扫描弧线速度为 v_p。当扫描方向与目标运动方向相同时，称为同向运动。当扫描方向与目标运动方向相反时，称为相向运动。

同向运动时，当 $v > v_p$，扫描 PIR 探测运动速度为 v 的目标的效果相同于静态 PIR 探测运动速度为 $v - v_p$ 的目标的效果，目标运动相对方向为目标运动原方向。当 $v = v_p$ 时，目标运动和扫描运动同步，扫描 PIR 的探测效果相同于静态 PIR 探测目标运动速度为 $v - v_p = 0$ 的效果。当 $v < v_p$ 时，目标运动不如扫描运动快，扫描 PIR 的探测效果相同于静态 PIR 探测目标运动速度为 $v - v_p < 0$ 的效果，也就是目标运动相对方向为目标运动反方向。总而言之 $v > v_p$ 相当于所探测到的目标速度降低了；而当 $v < v_p$ 时，不仅所探测到的目标速度降低了，而且运动方向也改变了。特别是目标速度为 0 时，扫描 PIR 的探测效果相同于静态 PIR 探测目标运动速度为 $-v_p$ 的效果，也就是静止目标变成了运动目标，即凡是有温差的背景也被当成了运动目标。正因为如此，帧差法被用来去除假运动目标和还原背景。

相向运动时，扫描 PIR 探测运动速度为 v 的目标的效果相同于静态 PIR 探测运动速度为 $v + v_p$、目标运动方向与扫描方向相反的效果，相当于所探测的目标速度升高了。

扫描 PIR 探测运动速度为 v 的目标的效果相同于静态 PIR 探测 $v - v_p$ 的目标的效果。显然 v_p 越大，引发的速度畸变效应越大。

速度畸变的存在，使扫描 PIR 探测目标运动速度的有效范围相对于静态 PIR 探测改变了。若同向运动，由于追赶作用，最大有效速度限右移 v_p，可探测更大速度的目标。若相向运动，最大有效速度限左移 v_p，这比静态 PIR 探测的速度高限要低。而扫描 PIR 探测的目标运动速度有效低限扩展至零，无论同向还是异向运动。

扫描 PIR 目标探测的波形相对于静态 PIR 探测在同向运动时被拉长了，而在异向运动时被压缩了。因此，若要修正扫描 PIR 的速度畸变，可采用同向运动时，将被拉长的波形压缩一下；异向运动时，将被压缩波形拉长一下。不过修正时拉长和压缩的度不好掌握。

一般来说，上半帧和下半帧的扫描方向相反，所以目标运动无论何方向，必有半帧同向，半帧逆向。故可把上半帧和下半帧数据融合，可起到速度畸变修正作用。

4.3 四分程四分区快速定位法

根据某基站 PIR 探测器在某一时间内只能扫描某一区域的特性，可发明一种目标探测的区域定位方法。虽然这种定位法较粗糙、不精确。但是，其所依赖的信息少，所需要的时间短，因此将会是一种很有用的目标快速定位方法。而且，多个基站 PIR 探测器在不同方位的扫描区域有交叉，有共集，利用这些已知知识，就可将目标定位的精度提高，并且利用多时段多 PIR 探测器的扫描探测，甚至能确定目标的运动速度和判别目标的运动方向。

以下设计基于一个四方形网眼区域内相邻 PIR 探测器基站在一帧扫描探测过程。每帧扫描可分为 2 个半帧：前半帧顺时针扫 90°，后半帧逆时针扫 90°。每半帧扫描又可分为 2 个 45° 半程。所以每一帧扫描全程有 4 个 45° 半程分程。而每个网格单元区域可由 45° 交叉线划分为 4 个分区。因此，以下开发的这个新的目标定位方法被称为四分程四分区目标快速定位法。

先将半帧扫描过程分成前 45° 扫描半程和后 45° 扫描半程两部分，每半程产生一组编码，再将前半程和后半程编码合成一组半帧全程编码。根据前半帧编码，对照表 4-4 ~ 表 4-7，可做前半帧目标定区分析和运动状态分析。根据后半帧编码，对照表 4-8 ~ 表 4-11，可做后半帧目标定区分析和运动状态分析。然后，可把前半帧和后半帧的目标定区分析和运动状态分析结果综合起来并归纳为更准确的分析结果。

4.3.1　四方形网眼区域划分及其编码定义

试考虑 4 个扫描 PIR 探测器基站围成的一个四方形网眼区域。将这个四方形网眼区域按 PIR 传感器 45° 扫描划分区域，分为东南西北 4 个区域，分别编码为 W、N、E 和 S，如图 4-13 所示。由于在 45° 半程扫描时间段，每个区域被各 PIR 传感器扫描到的情况不同，因此各分区被扫描的情况将有不同的状况，如单扫描区和双扫描区。

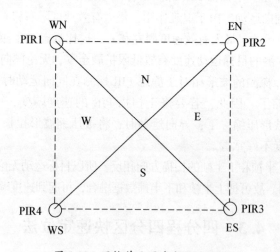

图 4-13　网格单元区域分区及编码

4.3.2　PIR 探测基站扫描探测结果的编码定义

假定扫描半程结束后，某 PIR 探测器基站探测到了目标，则用编码 1 表示；而没有探测到目标时则用编码 0 表示。这样定义后，双 PIR 基站 90°扫描半程探测后可能出现的结果编码就可用表 4-1 表示。可见，双 PIR 基站 90°扫描半程探测后可能出现的结果有 4 种：基站 1 探测到目标（对应编码 10）、基站 2 探测到目标（对应编码 01）、基站 1 和基站 2 都探测到目标（对应编码 11）、基站 1 和基站 2 都没有探测到目标（对应编码 00）。

表 4-1　双 PIR 基站 90°扫描半程探测结果

45°半程探测结果序号	PIR 基站 1	PIR 基站 2
1	1	0
2	0	1
3	1	1
4	0	0

4.3.3　相邻 PIR 探测基站帧扫描区域定位分析

一个四方形网眼有 4 个探测基站，可按方位可标记为 WS（西南）、WN（西北）、EN（东北）、ES（东南）。每帧扫描可分为前半帧（顺时针 90°扫描）和后半帧（逆时针 90°扫描）。每半帧扫描又可细分为前 45°扫描和后 45°扫描。相邻两个基站的每个 45°扫描区域不同，这些情况如图 4-14 ~ 图 4-29 所示。由图可见，相邻两个基站的每个 45°扫描区域总有 2 个单站扫描区（图 4-14 中的 W 和 E）和 1 个双站扫描区（图 4-14 中的 N），还有 1 个扫描不到的扫空区域（图 4-14 中的 S）。相邻基站前半帧扫描区域定位分析的结果表述见表 4-2。相邻基站后半帧扫描区域定位分析的结果表述见表 4-3。以下按前半帧扫描和后半帧扫描两种情况分别进行分析。

1. 前半帧扫描区域定位分析

前半帧扫描区域定位分析的结果如图 4-14 ~ 图 4-21 所示。这些图示的分析结果还可以用表 4-2 表示。例如，对于 WS-ES 基站的前半帧前 45°扫描，有分析结果（图 4-16）：扫空区为 S 区，WN 基站单扫区为 E 区，WS 基站单扫区为 W 区，双扫区为 N 区。

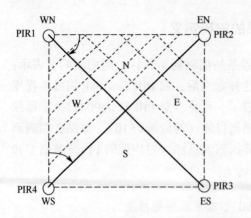

图 4-14　WS-WN 基站的前半帧前 45°扫描

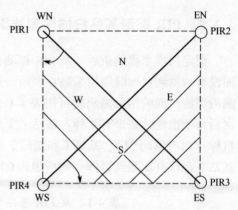

图 4-15　WS-WN 基站的前半帧后 45°扫描

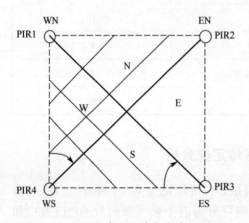

图 4-16　WS-ES 基站的前半帧前 45°扫描

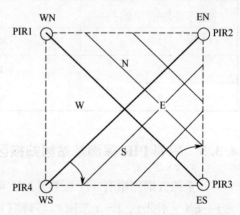

图 4-17　WS-ES 基站的前半帧后 45°扫描

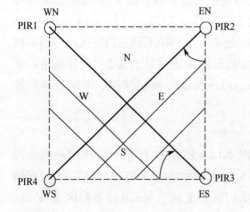

图 4-18　EN-ES 基站的前半帧前 45°扫描

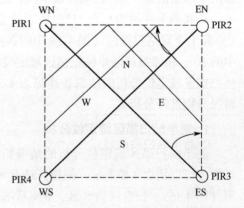

图 4-19　EN-ES 基站的前半帧后 45°扫描

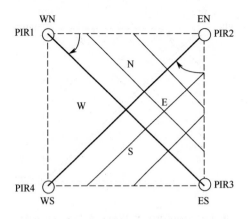

图 4-20 WN-EN 基站的前半帧前 45°扫描

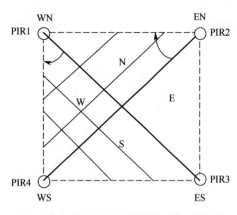

图 4-21 WN-EN 基站的前半帧后 45°扫描

相邻基站前半帧扫描区域定位分析的结果表述见表 4-2。可见对于不同的相邻基站和不同的扫描半程，同样的探测结果有不同的涵义。例如，对于 00 编码，意味着探测扫空，对 WN-EN 基站前 45°半程是 W 区，而对 WN-EN 基站后 45°半程是 E 区。

表 4-2　相邻基站前半帧扫描区域定位分析

定位结果/编码	扫空/00	单扫/01	单扫/10	双扫/11
WS-WN 基站前 45°	S	WN：E	WS：W	N
WS-WN 基站后 45°	N	WN：W	WS：E	S
WN-EN 基站前 45°	W	EN：S	WN：N	E
WN-EN 基站后 45°	E	EN：N	WN：S	W
EN-ES 基站前 45°	N	ES：W	EN：E	S
EN-ES 基站后 45°	S	ES：E	EN：N	N
ES-WS 基站前 45°	E	WS：N	ES：S	W
ES-WS 基站后 45°	W	WS：S	ES：N	E

2. 后半帧扫描区域定位分析

后半帧扫描区域定位分析的结果如图 4-22 ～ 图 4-29 所示，这些图示的探测分区定位分析结果如表 4-3 所列。

相邻基站后半帧扫描区域定位分析的结果见表 4-3，这与表 4-2 相似但不相同。

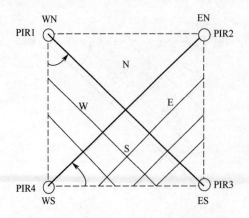

图 4-22　WS-WN 基站的后半帧前 45°扫描

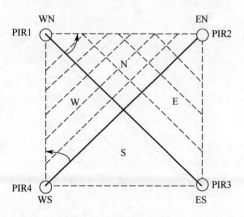

图 4-23　WS-WN 基站的后半帧后 45°扫描

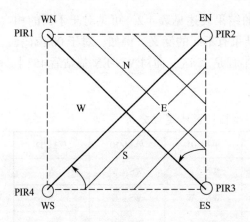

图 4-24　WS-ES 基站的后半帧前 45°扫描

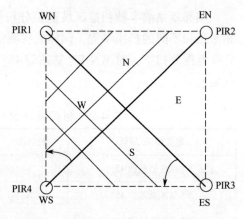

图 4-25　WS-ES 基站的后半帧后 45°扫描

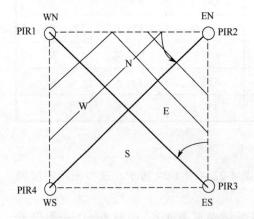

图 4-26　EN-ES 基站的后半帧前 45°扫描

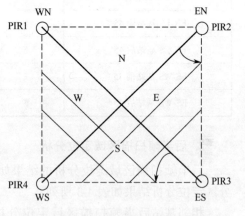

图 4-27　EN-ES 基站的后半帧后 45°扫描

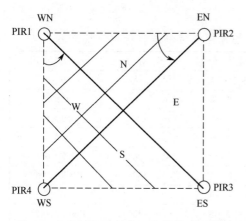

图 4-28 WN-EN 基站的后半帧前 45°扫描

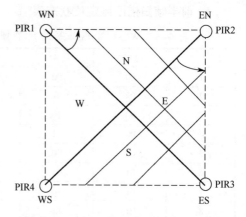

图 4-29 WN-EN 基站的后半帧后 45°扫描

表 4-3 相邻基站后半帧扫描区域定位

定位结果/编码	扫空/00	单扫/01	单扫/10	双扫/11
WS-WN 基站前 45°	N	WN：W	WS：E	S
WS-WN 基站后 45°	S	WN：E	WS：W	N
WN-EN 基站前 45°	E	EN：N	WN：S	W
WN-EN 基站后 45°	W	EN：S	WN：N	E
EN-ES 基站前 45°	S	ES：E	EN：W	N
EN-ES 基站后 45°	N	ES：W	EN：E	S
ES-WS 基站前 45°	W	WS：S	ES：N	E
ES-WS 基站后 45°	E	WS：N	ES：S	W

4.3.4 相邻基站帧扫描探测编码与目标定位状态对应关系

根据前面的编码定义和扫描定位状态的分析结果，可以总结出相邻基站帧扫描探测编码与目标区域定位状态的对应关系表，如表 4-4 ~ 表 4-12 所列。除无目标情况以外，被探测目标可定位的区域可小到四方形网眼的四分之一。其中，有 8 种情况是定位到已编码区，但运动方向不明确；有 7 种情况是定位在两个编码区，但目标运动方向已明确。表 4-4 是 WS-WN 相邻基站的前半帧扫描探测编码与目标区域定位状态表。表 4-5 ~ 表 4-7 是其他 3 个相邻基站的前半帧扫描探测编码与目标定位状态对应关系表。表 4-8 ~ 表 4-11 是 4 个方向的相邻基站的后半帧扫描探测编码与目标定位状态对应关系表。这些关系表将可用做目标定位状态的机器自动判别目标定位状态的依据。

1. 前半帧扫描区域定位状态表

表 4-4　WS-WN 相邻基站前半帧扫描探测编码与目标定位状态表

序　号	前 45°	后 45°	定位分析	运动方向	定位表达
1	00	00	扫空/或无目标	?	0 > 0
2	00	01	?→W	?	0 > W
3	00	10	?→E	?	0 > E
4	00	11	?→S	?	0 > S
5	01	00	E→?	?	E > 0
6	01	01	E→W	180°	E > W//180°
7	01	10	E→E	?	E > E
8	01	11	E→S	−135°	E > S// −135°
9	10	00	W→?	?	W > 0
10	10	01	W→W	?	W > W
11	10	10	W→E	0	W > E//0
12	10	11	W→S	−45°	W > S// −45°
13	11	00	N→?	?	N > 0
14	11	01	N→W	−135°	N > W// −135°
15	11	10	N→E	−45°	N > E//45°
16	11	11	N→S	−90°	N > S// −90°

表 4-5　WN-EN 相邻基站前半帧扫描探测编码与目标定位状态表

序　号	前 45°	后 45°	定位分析	运动方向	定位表达
1	00	00	扫空/或无目标	?	0 > 0
2	00	01	?→N	?	0 > N
3	00	10	?→S	?	0 > S
4	00	11	?→W	?	0 > W
5	01	00	S→?	?	S > 0
6	01	01	S→N	90°	S > N//90°
7	01	10	S→S	?	S > S
8	01	11	S→W	135°	S > W//135°
9	10	00	N→?	?	N > 0
10	10	01	N→N	?	N > N
11	10	10	N→S	−90°	N > S// −90°
12	10	11	N→W	−135°	N > W// −135°
13	11	00	E→?	?	E > 0
14	11	01	E→N	135°	E > N//135°
15	11	10	E→S	−135°	E > S// −135°
16	11	11	E→W	180°	E > W//180°

表 4-6　EN-ES 相邻基站前半帧扫描探测编码与目标定位状态表

序　号	前 45°	后 45°	定位分析	运动方向	定位表达
1	00	00	扫空/或无目标	?	0 > 0
2	00	01	?→E	?	0 > E
3	00	10	?→W	?	0 > W
4	00	11	?→N	?	0 > N
5	01	00	W→?	?	W > 0
6	01	01	W→E	0	W > E//0
7	01	10	W→W	?	W > W
8	01	·11	W→N	45°	W > N//45°
9	10	00	E→?	?	E > 0
10	10	01	E→E	?	E > E
11	10	10	E→W	180°	E > W//180°
12	10	11	E→N	135°	E > N//135°
13	11	00	S→?	?	S > 0
14	11	01	S→E	45°	S > E//45°
15	11	10	S→W	135°	S > W//135°
16	11	11	S→N	90°	S > N//90°

表 4-7　ES-WS 相邻基站前半帧扫描探测编码与目标定位状态表

序　号	前 45°	后 45°	定位分析	运动方向	定位表达
1	00	00	扫空/或无目标	?	0 > 0
2	00	01	?→S	?	0 > S
3	00	10	?→N	?	0 > N
4	00	11	?→E	?	0 > E
5	01	00	N→?	?	N > 0
6	01	01	N→S	−90°	N > S// −90°
7	01	10	N→N	?	N > N
8	01	11	N→E	−45°	N > E// −45°
9	10	00	S→?	?	S > 0
10	10	01	S→S	?	S > S
11	10	10	S→N	90°	S > N//90°
12	10	11	S→E	45°	S > E//45°
13	11	00	W→?	?	W > 0
14	11	01	W→S	−45°	W > S// −45°
15	11	10	W→N	45°	W > N/45°
16	11	11	W→E	0	W > E

2. 后半帧扫描区域定位状态表

表 4-8 WS-WN 相邻基站后半帧扫描探测编码与目标定位状态表

序 号	前45°	后45°	定位分析	运动方向	定位表达
1	00	00	扫空/或无目标	?	0 > 0
2	00	01	?→E	?	0 > E
3	00	10	?→W	?	0 > W
4	00	11	?→N	?	0 > N
5	01	00	W→?	?	W > 0
6	01	01	W→E	0	W > E//0
7	01	10	W→W	?	W > W
8	01	11	W→N	45°	W > N//45°
9	10	00	E→?	?	E > 0
10	10	01	E→E	?	E > E
11	10	10	E→W	180°	E > W//180°
12	10	11	E→N	135°	E > N//135°
13	11	00	S→?	?	S > 0
14	11	01	S→E	45°	S > E//45°
15	11	10	S→W	135°	S > W//135°
16	11	11	S→N	90°	S > N//90°

表 4-9 WN-EN 相邻基站后半帧扫描探测编码与目标定位状态表

序 号	前45°	后45°	定位分析	运动方向	定位表达
1	00	00	扫空/或无目标	?	0 > 0
2	00	01	?→S	?	0 > S
3	00	10	?→N	?	0 > N
4	00	11	?→E	?	0 > E
5	01	00	N→?	?	N > 0
6	01	01	N→S	−90°	N > S// −90°
7	01	10	N→N	?	N > N
8	01	11	N→E	−45°	N > E// −45°
9	10	00	S→?	?	S > 0
10	10	01	S→S	?	S > S
11	10	10	S→N	90°	S > N//90°
12	10	11	S→E	45°	S > E//45°
13	11	00	W→?	?	W > 0
14	11	01	W→S	−45°	W > S// −45°
15	11	10	W→N	45°	W > N//45°
16	11	11	W→E	0	W > E

表4-10　EN-ES 相邻基站后半帧扫描探测编码与目标定位状态表

序　号	前45°	后45°	定位分析	运动方向	定位表达
1	00	00	扫空/或无目标	?	0 > 0
2	00	01	?→W	?	0 > W
3	00	10	?→E	?	0 > E
4	00	11	?→S	?	0 > S
5	01	00	E→?	?	E > 0
6	01	01	E→W	180°	E > W//180°
7	01	10	E→E	?	E > E
8	01	11	E→S	−135°	E > S// −135°
9	10	00	W→?	?	W > 0
10	10	01	W→W	?	W > W
11	10	10	W→E	0	W > E//0°
12	10	11	W→S	45°	W > S//45°
13	11	00	N→?	?	N > 0
14	11	01	N→W	−135°	N > W// −135°
15	11	10	N→E	−45°	N > E// −45°
16	11	11	N→S	−90°	N > S// −90°

表4-11　ES-WS 相邻基站后半帧扫描探测编码与目标定位状态表

序　号	前45°	后45°	定位分析	运动方向	定位表达
1	00	00	扫空/或无目标	?	0 > 0
2	00	01	?→N	?	0 > N
3	00	10	?→S	?	0 > S
4	00	11	?→W	?	0 > W
5	01	00	S→?	?	S > 0
6	01	01	S→N	90°	S > N//90°
7	01	10	S→S	?	S > S
8	01	11	S→W	135°	S > W//135°
9	10	00	N→?	?	N > 0
10	10	01	N→N	?	N > N
11	10	10	N→S	−90°	N > S// −90°
12	10	11	N→W	−135°	N > W// −135°
13	11	00	E→?	?	E > 0
14	11	01	E→N	135°	E > N//135°
15	11	10	E→S	−135°	E > S// −135°
16	11	11	E→W	180°	E > W//180°

表4-4～表4-12表述的是4个相邻基站前半帧扫描和后半帧扫描的定位分析结果。半帧探测用四位二进制编码表示，共16种情况。从8张表表示的相邻基站半帧扫描的定位分析结果可归纳出25种状态：0＞0、0＞N、0＞S、0＞W、0＞E、E＞0、S＞0、N＞0、W＞0、E＞N//135°、E＞S//－135°、E＞W//180°、E＞E、N＞W//－135°、N＞S//－90°、N＞E//－45°、N＞N、S＞N//90°、S＞W//135°、S＞E//45°、S＞S、W＞E//0、W＞S//45°、W＞N//45°和W＞W。从表4-4～表4-11可以看出，"0＞0"是"扫空/或无目标"的符号表达，"0＞N"是"?→N"（即目标从不知何种方向到达了北区），"E＞0"是"E→?"（即目标到达了东区后由不知去向），"E＞N//135°"是"E→N"和"135°"（即目标大约以135°方向从东区到达了北区），依此类推。

从相邻基站半帧扫描探测的区域定位结果无非是这25种状态之一。相邻基站前半帧探测的结果与后半帧探测的结果合在一起就是相邻基站全帧探测的结果。例如，"0＞N"+"N＞S//－90°"意为：目标不知从何种方向到达了北区，又大约以－90°方向从北区到达了南区。

4.3.5 四方形网眼相邻基站全帧扫描探测的目标定位信息融合

如上所述，根据4个相邻双PIR探测基站半帧扫描探测编码可做出4个目标定区和运动状态分析结果，具体如表4-4～表4-11所列。这些半帧探测结果有前4个半帧，后4个半帧，共8个，可进一步把8个结果合并为4个，这就是相邻双PIR探测基站全帧扫描探测的4个定区和运动状态分析结果。通过一些智能信息融合方法还可以把这4个定区和运动状态分析信息进一步融合为1个目标定区和运动状态分析诊断信息。所需要的有效方法还有待进一步的研究。

一个相邻双PIR探测基站全帧扫描探测的4个区和运动状态分析信息的例子如表4-12所列。由表4-12可知，东侧相邻基站全帧扫描探测编码是10011100，其定位分析结果为"E＞E＋N＞0"，意为：前半帧目标在E区，后半帧目标先在N区，后又未探到。显然，从4个相邻基站探测定位表达看，前半帧期间目标都在E区，后半帧期间目标都在N区，所以综合成一个定位表达信息为"E＞N"，意为："在扫描一个全帧期间目标从E区运动到了N区，这是人工分析综合的结果。若要实现机器自动分析，则要借助某种信息融合算法或智能推理算法。具体应当采用何种方法，还有待进一步研究。

表4-12 相邻基站全帧扫描探测编码与目标定位分析举例

相邻基站	前半帧前45°	前半帧后45°	后半帧前45°	后半帧后45°	定位表达
东（EN-ES）	10	01	11	00	E＞E＋N＞0
南（ES-WS）	00	11	10	01	0＞E＋N＞N
西（WS-WN）	01	10	00	11	E＞E＋0＞N
北（WN-EN）	11	00	01	10	E＞0＋N＞N

4.3.6 整个探测网域的四方形网眼目标定位信息的数据挖掘

如前所述，每个四方形网眼的 PIR 探测信息都是首先从 4 个基站探测开始；其次是 4 个相邻基站的信息编码和区域定位分析，包括前半帧信息处理和后半帧信息处理以及前半帧定位信息和后半帧定位信息合并为全帧定位信息；再次是 4 个相邻基站全帧定位信息融合为一个网眼定位信息；最后就是本节讨论的整个探测网域的四方形网眼目标定位信息的数据挖掘。

假设某个 PIR 探测网域由 $N \times M$ 个节点构成了 L 个四方形网眼，每个网眼的几何中心坐标是已知的，在每一帧 PIR 探测之后都可获得 L 个四方形网眼定位信息。为了便于深入研究，不妨进一步简化四方形网眼定位信息，将其分为 3 类：0（未探测到目标）、X（在某子区（E、S、W、N）探测到目标）、$X > Y$（目标从 X 区运动到 Y 区），并且可把这 3 类定位信息用圆点或线条标注图示化。在每个探测周期结束后，都可把这些网眼定位信息标注在 PIR 探测网域平面地图上。这样，PIR 探测的目标位置和运动状态就一目了然了。如果把连续几个探测周期的网眼定位信息都在 PIR 探测网域平面地图上图示化，那么目标运动轨迹也能清晰地显示。如果进一步数据挖掘四方形网眼定位信息，还可以提炼出目标运动轨迹模型。有目标运动轨迹模型，做出下一周期目标可能的运动轨迹预测也是非常容易的。至于根据四方形网眼目标定位信息数据进行更深层次的信息提炼需要采用何种数据挖掘方法，还有待进一步研究。

4.4 目标方位方程联立求解定位法

4.4.1 动态 PIR 探测网域的目标定位问题

针对 4.1 节提出的动态 PIR 正方形网眼探测的目标定位问题，4.2 节给出了方位角射线交叉定位的解决方案。这是只依赖目标发现探测角的定位解决方案。目标发现的探测角可进一步称为"目标方位角"。通过动态 PIR 探测网域，能够较准确地确定"目标方位角"，但是离目标的具体方位确实还有一步之遥。4.2 节给出的方位角射线交叉定位的解决方案是仅通过目标方位角确定目标具体方位的一种方法，本节所述的目标方位方程联立求解定位法是通过目标方位角确定目标具体方位的另一种方法。不过所针对的目标定位问题的内容是基本类似但有所不同的。

目标方位角方程联立求解定位法所针对的目标定位问题的内容与 4.1 节提出内容不同的地方如下所述。

（1）探测条件。在探测条件中，被探测目标类型和被探测目标的运动速度范围仍然设定相同，但是参与目标探测的范围从一个动态 PIR 正方形探测网眼扩展到整个动态 PIR 探测网域。所考虑的将是一个具有若干正方形网眼网络节点的探测网域，或是一种其他形状的网眼组成的探测网域，如由三角形或六边形网眼组成的探测网域。

（2）探测设备。若是采用动态 PIR 正方形网眼的探测网域，则在探测设备方面的内容与 4.1 节相同。否则，探测设备将随不同类型网眼的探测网域而改变。

（3）探测过程。在探测过程方面的内容与 4.1 节的不同之处在于所考虑的探测过程不单是每个网眼的探测而是整个探测网域的探测，而且所考虑的探测过程不单是一个扫描周期而是几个扫描周期。

（4）探测要求。在探测要求方面的内容与 4.1 节的不同之处在于应用整个探测网域的若干 PIR 动态探测基站的若干探测器获得的目标方位角数据，确定入侵目标在几个扫描周期内的位置、运动方向以及运动轨迹。

4.4.2　基于目标方位角的方位方程联立求解定位法

假设某入侵目标穿过某 PIR 探测网域并被该探测网域的多个 PIR 探测器发现，如图 4-30 所示。本节开发的基于目标方位角的方位方程联立求解定位法不受网络网眼形状的限制，通用性较强。

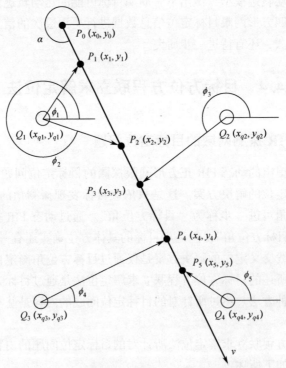

图 4-30　目标被探测网域若干次发现的示意图

假设在该探测网域节点的直角坐标体系（已确定网域中某点为坐标原点）中，该入侵目标的起点坐标为(x_0, y_0)，该目标从起点沿直线做匀速直线运动，速度为v，入侵角为α。该目标的运动轨迹模型为

$$\begin{cases} x = x_0 + v(t - t_0)\cos\alpha \\ y = y_0 + v(t - t_0)\sin\alpha \end{cases} \tag{4-30}$$

假设涉及的某PIR探测网域有若干个网络节点，每个节点设有一个PIR探测基站，每个基站有若干个PIR探测器，这些探测器的探测区域覆盖了节点周围的区域。在某入侵目标穿过该PIR探测网域的过程中，分别被该探测网域的若干节点上的探测基站探测到目标。

假设按发现顺序将N个发现目标时刻记为$t_1, t_2, \cdots, t_N (t_1 < t_2 < \cdots < t_N)$，所探测到的对应目标方位角记为$\phi_1, \phi_2, \cdots, \phi_N$，所对应的探测器所在的节点的坐标记为$Q_1(x_{q1}, y_{q1}), Q_2(x_{q2}, y_{q2}), \cdots, Q_N(x_{qN}, y_{qN})$。

假设入侵目标运动轨迹上的N个被发现方位点记为$(P_1(x_1, y_1), P_2(x_2, y_2), \cdots, P_N(x_N, y_N))$。

根据目标的运动轨迹模型（式（4-30）），可推算N个方位点的坐标为

$$\begin{cases} x_i = x_0 + v(t_i - t_0)\cos\alpha \\ y_i = y_0 + v(t_i - t_0)\sin\alpha \end{cases} \quad (i = 1, 2, \cdots, N) \tag{4-31}$$

假设该探测网域在某个时刻t_i被节点$Q_i(x_{qi}, y_{qi})$上的探测基站发现入侵目标。若将从该节点坐标(x_{qi}, y_{qi})以方位角ϕ_i到目标轨迹的方位点$P_i(x_i, y_i)$的矢径记为r_i，进而可把从各探测基站节点到对应目标轨迹的方位点的N个矢径序列记为$r_1, r_2, \cdots, r_N$。若用方位角、矢径和节点坐标推算运动轨迹的N个方位点，则有目标发现点序列模型为

$$\begin{cases} x_i = x_{qi} + r_i\cos(\varphi_i) \\ y_i = y_{qi} + r_i\sin(\varphi_i) \end{cases} \quad (i = 1, 2, \cdots, N) \tag{4-32}$$

合并式（4-31）和式（4-32），可导出目标方位定位方程组为

$$\begin{cases} x_0 + v(t_i - t_0)\cos\alpha = x_{qi} + r_i\cos(\varphi_i) \\ y_0 + v(t_i - t_0)\sin\alpha = y_{qi} + r_i\sin(\varphi_i) \end{cases} \quad (i = 1, 2, \cdots, N) \tag{4-33}$$

式（4-33）所示的方程组共有$2N$个方程。根据代数学，$2N$个代数方程可以唯一确定解出$2N$个未知变量。由此可见，探测网域发现目标的次数N决定了根据目标方位方程组求解目标方位变量的可行性。

考虑式（4-33）所示的方程组，已知变量是$t_1, t_2, \cdots, t_N$；$Q_1(x_{q1}, y_{q1})$，$Q_2(x_{q2}, y_{q2}), \cdots, Q_N(x_{qN}, y_{qN})$；$\phi_1, \phi_2, \cdots, \phi_N$，未知变量是$r_1, r_2, \cdots, r_N$；$t_0$、$x_0$、$y_0$、$v$、$\alpha$，未知变量共有$N+5$个。因此，根据式（4-33）所示的目标方位方程组求解$N+5$个未知变量的可行性可按探测网域发现目标的次数N来具体分析，如下。

（1）当发现目标次数 $N=1$。此时，目标方位方程组的方程数为 $2N=2$，小于未知变量数（$N+5=6$），故求解这 $N+5$ 个未知变量是不可行的。

（2）当发现目标次数 $N=2$。此时，目标方位方程组的方程数为 $2N=4$，小于未知变量数（$N+5=7$），故求解这 $N+5$ 个未知变量是不可行的。

（3）当发现目标次数 $N=3$。此时，目标方位方程组的方程数为 $2N=6$，小于未知变量数（$N+5=8$），故求解这 $N+5$ 个未知变量是不可行的。

（4）当发现目标次数 $N=4$。此时，目标方位方程组的方程数为 $2N=8$，小于未知变量数（$N+5=9$），故求解这 $N+5$ 个未知变量是不可行的。

（5）当发现目标次数 $N=5$。此时，目标方位方程组的方程数为 $2N=10$，恰好等于大于未知变量数（$N+5=10$），故求解这 $N+5$ 个未知变量是可行的，且解唯一。

（6）当发现目标次数 $N=6$。此时，目标方位方程组的方程数为 $2N=12$，大于未知变量数（$N+5=10$），故求解这 $N+5$ 个未知变量是可行的，但解是不唯一的。

（7）当发现目标次数 $N>5$。此时，目标方位方程组的方程数为 $2N>10$，总是大于未知变量数（$N+5=10$），故求解这 $N+5$ 个未知变量是可行的，但解不唯一。

总的看来，发现目标次数 $N=5$ 时正好。发现目标次数 $N<5$ 时，方程无解；而发现目标次数 $N>5$ 时，则方程多解，在这两种情况下解方程，没有必要，也浪费时间。

基于目标方位角的方位方程联立求解定位法能够成功应用的前提条件显然是发现目标次数 N 必须符合方程数 $2N=N+5$。

当根据目标方位定位方程组（式（4-33））求得未知变量 $r_1,r_2,\cdots,r_N$；t_0、x_0、y_0、v、α 后，可进一步利用（式（4-31））或（式（4-32））求得在发现目标时刻 $t_1,t_2,\cdots,t_N$ 时目标发现序列点坐标（x_i y_i）。由于目标运动轨迹模型的参数已知，则可以求得任意时刻的目标方位，也就是说可用获得的目标运动轨迹模型进行目标轨迹的预测（图4-30）。

4.4.3　基于少于五次目标发现的方位方程联立求解定位法应用

上节所述的基于目标方位角的方位方程联立求解定位法考虑的是最通用的情况，其未知变量是 $r_1,r_2,\cdots,r_N$、t_0、x_0、y_0、v、α，共有 $N+5$ 个，所以要使目标定位成功必须取 $N=5$，也就是必须成功 5 次发现目标。若是原先的未知变量中的 t_0,x_0,y_0、v 或 t_0、x_0、y_0、α 已知，那么要使目标定位成功必须取 $2N=N+1$，也就是 $N=1$，即必须成功一次发现目标，这将使目标定位变得更简便、更快捷。而 t_0、x_0、y_0、v 或 t_0、x_0、y_0、α 成为已知是完全可能的。例如，当在用方位方程联立求解定位法之前已经成功将目标定位过。于是，基于 1 次目标发现的方位方程联立求解定位法应用就是解如下的方程组：

$$\begin{cases} x_0+v(t_i-t_0)\cos\alpha = x_{qi}+r_i\cos(\varphi_i) \\ y_0+v(t_i-t_0)\sin\alpha = y_{qi}+r_i\sin(\varphi_i) \end{cases} \quad (i=1) \qquad (4\text{-}34)$$

若是原先的未知变量中的 t_0、x_0、y_0 已知，那么要使目标定位成功必须取 $2N=N+2$，也就是 $N=2$，即必须成功两次发现目标。于是，基于 2 次目标发现的方位方程联立求解定位法应用就是解如下的方程组：

$$\begin{cases} x_0+v(t_i-t_0)\cos\alpha = x_{qi}+r_i\cos(\varphi_i) \\ y_0+v(t_i-t_0)\sin\alpha = y_{qi}+r_i\sin(\varphi_i) \end{cases} \quad (i=1,2) \qquad (4\text{-}35)$$

若是原先的未知变量中的 v 和 α 已知，那么要使目标定位成功必须取 $2N=N+3$，也就是 $N=3$，即必须成功 3 次发现目标。于是，基于 3 次目标发现的方位方程联立求解定位法应用就是解如下的方程组：

$$\begin{cases} x_0+v(t_i-t_0)\cos\alpha = x_{qi}+r_i\cos(\varphi_i) \\ y_0+v(t_i-t_0)\sin\alpha = y_{qi}+r_i\sin(\varphi_i) \end{cases} \quad (i=1,2,3) \qquad (4\text{-}36)$$

若是原先的未知变量中的 v 或 α 已知，那么要使目标定位成功必须取 $2N=N+4$，也就是 $N=4$，即必须成功 4 次发现目标。于是，基于 4 次目标发现的方位方程联立求解定位法应用就是解如下的方程组：

$$\begin{cases} x_0+v(t_i-t_0)\cos\alpha = x_{qi}+r_i\cos(\varphi_i) \\ y_0+v(t_i-t_0)\sin\alpha = y_{qi}+r_i\sin(\varphi_i) \end{cases} \quad (i=1,2,3,4) \qquad (4\text{-}37)$$

4.4.4 方位方程联立求解计算方法

对于目标方位定位方程组（式（4-33））的求解有两种思路。

（1）将所有已知变量带入，然后整理成标准的线性代数方程组，再用线性代数方程求解算法求各未知变量。按这种思路的解法可称为目标方位定位方程组的线性代数方程求解法。

（2）将所有已知变量带入，然后整理成最优化问题中的适应函数式，再用最优化算法求解未知变量的最优解。按这种思路的解法可称为目标方位定位方程组的最优化求解法。

4.4.5 方位方程组未知变量的值域估算

对于未知变量 $r_1,r_2,\cdots,r_N$、t_0、x_0、y_0、v、α，无论用什么方法求解都需要知道它们的值域，否则将得出许多无意义的解。特别是在用最优化算法求解时，求解前估算的值域越准确，求解出的未知变量就越准确。

对于未知变量 $r_1,r_2,\cdots,r_N$，其值域可确定为 $(0,r_{max})$。可取 $r_{max}=L$，L 为网络节点连接线的长度。因为探测网域的布局以 PIR 探测器的最大有效探测距离为依据，所以一般设计 $L < L_{max}$。

对于未知变量 t_0，其值应当在 t_1 附近，但 $t_0 < t_1$。可取值域 $(t_1-2(t_2-t_1),t_1)$。

对于未知变量 x_0、y_0，其值应当在方位点 $\{x_1,y_1\}$ 附近。可设 x_0 值域为 (x_1-2L,x_1+2L) 和 y_0 值域为 (y_1-2L,y_1+2L)。

对于未知变量 v，对于人体目标，可考虑值域 $(0,2.78)$；对于车辆目标，可考虑值域 $(0,33.3)$。因为人的行走速度一般不超过 10km/h，汽车的行驶速度一般不超过 120km/h。

对于未知变量 α，可设值域 $(0,360)$。因为沿坐标的 0 方向绕一圈可把所有可能的目标入侵方向都包括在内。

4.5　基于动态 PIR 探测器的几种入侵目标定位方法的分析比较

如前所述，基于动态 PIR 探测器的入侵目标定位方法有 3 种：基于目标方位角射线交叉定位法、基于目标发现的四分程四分区快速定位法和基于目标方位角的方位方程联立求解定位法。其中，基于目标方位角射线交叉定位法和基于目标方位角的方位方程联立求解定位法是一类，而基于目标发现的四分程四分区快速定位法是另一类。方位角射线交叉定位法和方位方程联立求解定位法都是依据探测到的方位角数据，它们最后的目标定位结果都是目标的方位，都是用方位角和极径来表示的。所以这两种方法是可以相互比较的同一类方法。

四分程四分区快速定位法不是依据方位角数据，而是依据目标方位角是否发现的结果记录。发现了目标就记录 1，没发现目标就记录 0。而且它的响应周期是 1/4 帧，至少比基于方位角数据的方法快一倍。响应快是四分程四分区快速定位法最大的优点。但是，定位粗又是四分程四分区快速定位法最大的缺点。用四分程四分区快速定位法只能把目标定位在方形网眼区域的 1/4 区域。另外，四分程四分区快速定位法是基于方形网眼的 PIR 探测网域导出的，而且只能用于方形网眼的 PIR 探测网域，这算是其通用性还不够强的一个缺点。如果把一个动态扫描周期的 4 个 1/4 帧的目标发现编码串起来分析，则可能得到目标的大致运动方向信息。这就是四分程四分区快速定位法的另一个优点，在给出目标的区域定位后还可给出目标在区域间运动的大致方向。

对于方位角射线交叉定位法和方位方程联立求解定位法，它们的共同点在于根据探测到的方位角计算出目标的具体方位；它们的不同点主要在于定位响应的快慢和方法适用的范围不同。

用方位角射线交叉定位法，每半个动态扫描周期都可以得出一个网眼内的目标定位结果。而用方位方程联立求解定位法甚至不能保证每一个动态扫描周期都有定位结果，因为它的定位计算有 N 次目标发现的前提条件。几个周期不满足条件，就几个周期没有定位结果。只有满足了 N 次目标发现的前提条件，才有目标定位结果。

4.2 节给出的方位角射线交叉定位法是根据 PIR 探测器的方形网眼探测网域推导出来的。所以，这个方位角射线交叉定位法只能适用于方形网眼探测网域。如果要用于三角形网眼探测网域，则需要重新推导三角形网眼探测网域的方位角射线交叉定位计算公式。而在 4.4 节给出的方位方程联立求解定位法是一种通用的方法，对于任意形网眼的探测网域都可使用。

方位角射线交叉定位法是以网眼为目标定位单元的。一个由多个网眼组成的网域，目标定位需要先一个网眼一个网眼地定位计算，再综合各网眼的定位结果进行目标运动轨迹的确定。而方位方程联立求解定位法是以整个网域为目标定位单元，可根据多点目标方位角发现数据直接确定目标运动轨迹。

第 5 章 基于动静组合 PIR 网域探测的 入侵目标定位方法

静态 PIR 探测网域是用多个传感器 + 红外透镜 PIR 探测器构建的静态 PIR 探测站。静态 PIR 探测网域的典型网络有：用 8 个静态 PIR 探测器构成的米字形节点网、用 4 个静态 PIR 探测器构成的十字形节点网、用 6 个静态 PIR 探测器构成的木字形节点网和用 3 个静态 PIR 探测器构成的丫字形节点网。网络节点间的连接线就是 PIR 探测网域的探测线。当入侵目标进入和穿过这些探测带时，入侵目标就会被静态 PIR 探测网域系统感知。对于静态 PIR 探测网域系统而言，其优点是探测响应快、定位准确和可识别目标运动方向；其缺点是，这些网络节点间的连接带围成的网眼区域是探测盲区。

如第 1 章所述，用多个动态 PIR 探测器可构成的一个动态 PIR 探测站，进而用多个动态 PIR 探测站作为网络节点可构建一个动态 PIR 探测网域。动态 PIR 探测网域可按其节点链接模式构建成多种类型的网络。例如，方形网眼、三角形网眼和六边形网眼的典型网络。这些网络节点间的连接线以及连接线所围成的网眼区域都是动态 PIR 探测网域的探测区。当入侵目标进入和穿过这些探测区时，入侵目标就会被动态 PIR 探测网域系统感知。相比静态 PIR 探测网域，动态 PIR 探测网域没有探测盲区。但是，动态 PIR 探测网域也有探测速度较慢和网络节点间连接线上的定位不准问题。于是动静态组合 PIR 探测网域被提出。动静态组合 PIR 探测网域可利用静态 PIR 探测网域和动态 PIR 探测网域的优点，所以具有探测响应快、目标定位准确性高和没有探测盲区的特点。

动静态组合 PIR 探测网域可以看成是动态 PIR 探测网域和静态 PIR 探测网域的双网叠加。因为典型的动态 PIR 探测网域和典型的静态 PIR 探测网域有完全匹配的相同结构，例如，方形网眼、三角形网眼和六边形网眼的动态 PIR 探测网域结构就分别与十字形节点、木字形节点和丫字形节点的静态 PIR 网域结构相同，所以用 4 个静态 PIR 探测器和 4 个动态 PIR 探测器可构成动静态组合 PIR 探测网的网络节点，该网域的网眼是方形网眼。类似地，用 6 个静态 PIR 探测器和 6 个动态 PIR 探测器可构成三角形网眼的动静态组合 PIR 探测网域的网络节点；用 3 个静态 PIR 探测器和 3 个动态 PIR 探测器可构成六边形网眼动静态组合 PIR 探测网域的网络节点。

如第 1 章所述，对于目标方位的感知，应用传感器 + 菲涅耳透镜的 PIR 探测器或传感器 + 菲涅耳透镜 + 调制罩的 PIR 探测器构成的 PIR 探测系统，都不如应用传感器＋红外透镜的 PIR 探测器。因为传感器＋红外透镜的 PIR 探测器具有探测距离远和探测视角窄的特点，进而获得看得远和看得准的优势；或者说，这种新型 PIR 探测器比传统 PIR 探测器具有更高的视距和方位分辨率。

如第 3 章所述的基于静态 PIR 探测器的入侵目标定位方法，所提出的热释电信号峰峰值时间差法可以实现静态 PIR 探测器前视目标的较准确测距；所提出的目标斜切下的热释电信号峰峰值时间差法可解决目标斜切通过静态 PIR 探测器探测线时的目标测距问题。针对静态 PIR 探测网域，提出的静态 PIR 双探测器对瞄目标下的热释电信号峰峰值时间差综合法，可以实现对静态 PIR 探测网域连接线上目标的较准确测距。

如第 4 章所述的基于动态 PIR 探测器的入侵目标定位方法，提出的多种基于动态 PIR 探测网域的入侵目标定位方法（方位探测角射线交叉定位法、四分程四分区快速定位法、方位角方程联立求解定位法）都可用于动态 PIR 探测网域的入侵目标定位。

针对动静态组合 PIR 探测网域，下面提出了静态 PIR 探测网域定位和动态 PIR 探测网域定位信息共享和融合的新定位方法。这种新定位方法主要是静态 PIR 对瞄目标下的热释电信号峰峰值时间差法以及动态 PIR 探测网域的方位探测角射线交叉定位法或方位角方程联立求解定位法的组合应用。对于四方形网眼探测网域，对瞄目标下的热释电信号峰峰值时间差法和动态 PIR 探测网域的方位探测角射线交叉定位法的组合应用是可行的组合定位方案。对于其他任意形网眼探测网域，对瞄目标下的热释电信号峰峰值时间差法和方位角方程联立求解定位法的组合应用是更佳的组合定位方案。

5.1 基于动静组合 PIR 方形网眼探测网域的入侵目标定位

5.1.1 基于动静组合 PIR 方形网眼探测网域的入侵目标定位问题

动静组合 PIR 方形网眼探测网域的入侵目标定位问题可归纳为：动静组合 PIR 方形网眼探测网域、已用对瞄目标下的热释电信号峰峰值时间差法和动态 PIR 探测网域的方位探测角射线交叉定位法，他们分别可以获得入侵目标的定位信息和综合动静两网的定位信息，并进行更准确的定位计算。

对于动静组合 PIR 方形网眼探测网域，首先是动态 PIR 方形网眼探测网域和静态 PIR 十字形节点探测网域的双网叠加，该网域的节点是用 4 个静态 PIR 探测器和 4 个动态 PIR 探测器构成。该网域的网眼是方形网眼，其内部区域用网眼相关的 4 个动态 PIR 探测器来探测，其方形的四边边界用 4 个节点上的 8 个静态 PIR 探测器两两对瞄探测。

动静态组合 PIR 探测网域的探测和定位过程可以看成是先执行动态探测网和静态探测网的原有的探测和定位程序,再执行双网组合定位程序。在执行过静态探测网的原有的探测和定位程序后,将可得知是否有入侵目标进入或穿出某方形网眼边界;再利用相关静态 PIR 探测器的两两对瞄探测信息定位目标在节点间连接线上的位置。在执行过动态探测网的原有的探测和定位程序后,将可得知是否有入侵目标进入或穿出某方形网眼区域;再利用相关动态 PIR 探测器的方位探测角射线交叉定位法获得入侵目标的方形网眼区域的方位信息。

将目标在节点间连接线上的位置和目标方形网眼区域的方位信息综合起来进行组合定位。可计算出目标运动轨迹方程的关键参数,从而根据目标运动轨迹方程做出目标运动轨迹预测。

5.1.2　基于动静组合 PIR 方形网眼探测网域的入侵目标定位方法

如上所述,动静态组合 PIR 方形网眼探测网域的探测和定位过程分为 3 个步骤:分别执行动态探测网和静态探测网的原有的探测和定位程序,再执行双网组合定位程序。

步骤一,执行动态探测网的探测和定位程序。

在动态探测网域的每个网眼执行过原有的探测和定位程序后,将可得知有哪个入侵目标进入或穿出,并且利用相关动态 PIR 探测器的方位探测角射线交叉定位法获得入侵目标在这个方形网眼区域的方位信息。

根据第 4 章的方位探测角射线交叉定位法,假设某网眼 4 个相邻基站获得的目标定位结果为:

(1) 根据以四方形网眼左下角为基点的原左下角探测数据 $\{\alpha, z\}$,可得方位信息为

$$\begin{cases} \alpha_4 = \alpha \\ z_4 = z \end{cases}$$

(2) 根据原左上角探测数据 $\{-(90° - \alpha), z\}$,可得方位信息为

$$\begin{cases} \alpha_1 = \tan^{-1} \dfrac{Y - z\sin(90° - \alpha)}{z\cos(90° - \alpha)} \\ z_1 = z \dfrac{\cos(90° - \alpha)}{\cos\alpha_1} \end{cases}$$

(3) 根据原右上角探测数据 $\{180° + \alpha, z\}$,可得方位信息为

$$\begin{cases} \alpha_2 = \tan^{-1} \dfrac{Y - z\cos\alpha}{Y - z\sin\alpha} \\ z_2 = \dfrac{Y - z\cos\alpha}{\cos\alpha_2} \end{cases}$$

（4）根据原右下角探测数据 $\{90°+\alpha,z\}$ ，可得方位信息为

$$\begin{cases} \alpha_3 = \tan^{-1} \dfrac{z\cos\alpha}{Y - z\sin\alpha} \\ z_3 = \dfrac{z\cos\alpha}{\sin\alpha_3} \end{cases}$$

（5）将以上相邻基站获得的目标定位结果可综合结果为网眼定位数据，即

$$\begin{cases} \theta = \dfrac{\alpha_1 + \alpha_2 + \alpha_3 + \alpha_4}{4} \\ z = \dfrac{z_1 + z_2 + z_3 + z_4}{4} \end{cases}$$

$$t = \dfrac{t_1 + t_2 + t_3 + t_4}{4}$$

于是可得这个方形网眼区域的方位信息为 $\{\theta \quad z \quad t\}$ ，式中： θ 为方位角； z 为矢径； t 为发现时刻。

步骤二，执行静态探测网的探测和定位程序。

在静态探测网的原有的探测和定位程序执行过后，将可得知是否有入侵目标进入或穿出某方形网眼边界，并且利用相关静态 PIR 探测器的两两对瞄探测方法可以定位目标在某两节点间连接线上的位置。

根据第 3 章的静态 PIR 探测器的两两对瞄探测方法，假设某网眼的某两节点间连接线上发现目标并通过以下的定位过程获得定位结果。

（1）用 3.1 节所述的峰峰值时间差法实现静态 PIR 探测网域中某两节点的静态 PIR 探测器对横切或斜切通过目标的测距。具体测距过程可简述为：首先据探测信号波形量测出 t_1 和 t_2 ；然后计算出 $k = t_1/t_2$ ，若 k 等于 1，则用式（3-18）计算目标横切运动时离探测器的距离，若 k 大于或小于 1，则利用式（3-19）求出斜切角 θ ；最后用式（3-20）计算目标斜切运动时离探测器的距离。

（2）假设这两节点对瞄最终测距结果用目标距节点 1 的距离 d 来表示，则两节点对瞄最终测距结果可用算术平均法通过式（3-21）求出。

步骤三，双网组合定位程序。

为将目标在节点间连接线上的位置和目标的方形网眼区域的方位信息综合起来进行组合定位，需要将动态探测网和静态探测网原有的探测和定位程序执行结果整理成便于利用的格式。

对于执行静态探测网的探测和定位程序得到的方形网眼区域的方位信息 $\{d \quad L \quad t\}$ ，可换算出目标方位信息 $\{x_1 \quad y_1 \quad t_1\}$ 。

对于执行动态探测网的探测和定位程序得到的方形网眼区域的方位信息 $\{\theta \quad z \quad t\}$ ，可换算出目标方位信息 $\{x_2 \quad y_2 \quad t_2\}$ 。

假设目标轨迹方程（式（4-30））为

$$\begin{cases} x = x_0 + v(t - t_0)\cos\alpha \\ y = y_0 + v(t - t_0)\sin\alpha \end{cases}$$

则根据通过已知的目标轨迹的两个方位点的信息：$\{x_1 \quad y_1 \quad t_1\}$ 和 $\{x_2 \quad y_2 \quad t_2\}$，如图 5-1 所示，可解出目标轨迹方程的参数：目标运动速度 v 和目标运动角度 α。

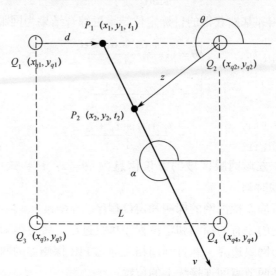

图 5-1　动静组合 PIR 方形网眼探测网域的目标定位

若 $t_2 > t_1$，则求解 v 和 α 的方程为

$$\begin{cases} x_2 = x_1 + v(t_2 - t_1)\cos\alpha \\ y_2 = y_1 + v(t_2 - t_1)\sin\alpha \end{cases}$$

若 $t_1 > t_2$，则求解 v 和 α 的方程为

$$\begin{cases} x_1 = x_2 + v(t_1 - t_2)\cos\alpha \\ y_1 = y_2 + v(t_1 - t_2)\sin\alpha \end{cases}$$

由于，在静态探测网定位计算时要用到目标运动速度 v 和目标运动角度 α，当这两个参数未知时，需要先用估计值。所以，当新的目标运动速度 v 和目标运动角度 α 得到后，可用迭代的方法，重复用新的 v 和 α 计算 $\{x_2 \quad y_2 \quad t_2\}$，直到新的 v 和 α 与上一次的 v 和 α 之间的差值很小为止。

5.2　基于动静组合 PIR 任意形网眼探测网域的入侵目标定位

基于 5.1 节给出的动静组合 PIR 方形网眼探测网域的入侵目标定位方法只限于方形网眼类型的探测网域。如果不是方形网眼类型的探测网域，对于入侵目标定位可用本节给出的方法。

对于基于动静组合的 PIR 探测网域，无论采用何种类型的网眼，总归是动态 PIR 探测网域和静态 PIR 探测网域的双网叠加。对于基于动静组合的 PIR 任意形网眼探测网域，将是动态 PIR 任意形网眼探测网域和静态 PIR 配合任意形网眼的节点布局探测网域的双网叠加。例如，对于基于动静组合的 PIR 三角形网眼探测网域，将是动态 PIR 三角形网眼探测网域和静态 PIR 木字形节点探测网域的双网叠加。

动静态组合 PIR 任意形网眼探测网域的探测和定位过程，依然和基于动静组合 PIR 方形网眼探测网域的过程一样，那就是先执行动态探测网和静态探测网的原有的探测和定位程序，再执行双网组合定位程序。在执行过静态探测网域的原有的探测和定位程序后，将可得知是否有入侵目标进入或穿出某方形网眼边界，并且用相关静态 PIR 探测器的两两对瞄探测定位方法可确定目标在节点间连接线上的位置，这和基于动静组合 PIR 方形网眼探测网域的定位过程是一样的。在执行过动态探测网原有的探测和定位程序后，将可得知是否有入侵目标进入或穿出某任意形网眼区域，并且用相关动态 PIR 探测器的方位角方程联立求解定位法获得入侵目标的方形网眼区域的方位信息。注意，这里利用方位探测角射线交叉定位法而不是方位探测角射线交叉定位法。总之，对瞄目标下的热释电信号峰峰值时间差法和方位角方程联立求解定位法的组合应用是动静态组合 PIR 任意形网眼探测网域适用的最佳组合定位方案。

因此，动静态组合 PIR 任意形网眼探测网域的探测和定位过程同样分为 3 个步骤：分别执行静态探测网和动态探测网原有的探测和定位程序，再执行双网组合定位程序。

步骤一，执行静态探测网的探测和定位程序。

在静态探测网的原有的探测和定位程序执行过后，将可得知是否有入侵目标进入或穿出某方形网眼边界，并且利用相关静态 PIR 探测器的两两对瞄探测方法可以定位目标在某两节点间连接线上的位置。

根据第 3 章的静态 PIR 探测器的两两对瞄探测方法，假设某网眼的某两节点间连接线上发现目标并通过以下的定位过程获得定位结果：

（1）用 3.1 节所述的峰峰值时间差法实现静态 PIR 探测网域中某两节点的静态 PIR 探测器对横切或斜切通过目标的测距。具体测距过程可简述为：首先先据探测信号波形量测出 t_1 和 t_2；然后计算出 $k = t_1/t_2$，若 k 等于 1，则用式（3-18）计算目标横切运动时离探测器的距离，若 k 大于或小于 1，则利用式（3-19）求出斜切角 θ；最后用式（3-20）计算目标斜切运动时离探测器的距离。

（2）假设这两节点对瞄最终测距结果用目标距节点 1 的距离 d 来表示。则两节点对瞄最终测距结果可用算术平均法通过式（3-21）求出。

步骤二，执行动态探测网的探测和定位程序。

假设涉及的某 PIR 任意形网眼探测网域有若干个网络节点，每个节点设有一个 PIR 探测基站，每个基站有若干个 PIR 探测器，这些探测器的探测区域覆盖了节点周围的区域。当某入侵目标穿过该 PIR 任意形网眼探测网域的过程中，分别被该探测网域的若干节点上的探测基站探测到目标。

假设按发现顺序将 N 个发现目标时刻记为 $t_1, t_2, \cdots, t_N (t_1 < t_2 < \cdots < t_N)$，所探测到的对应目标方位角记为 $\phi_1, \phi_2, \cdots, \phi_N$，所对应的探测器所在的节点的坐标记为 $Q_1(x_{q1}, y_{q1}), Q_2(x_{q2}, y_{q2}), \cdots, Q_N(x_{qN}, y_{qN})$。

假设入侵目标运动轨迹上的 N 个被发现方位点记为 $P_1(x_1, y_1), P_2(x_2, y_2), \cdots, P_N(x_N, y_N)$。

若用方位角、矢径和节点坐标推算运动轨迹的 N 个方位点，则有目标发现点序列模型为

$$\begin{cases} x_i = x_{qi} + r_i \cos(\varphi_i) \\ y_i = y_{qi} + r_i \sin(\varphi_i) \end{cases} \quad (i = 1, 2, \cdots, N)$$

根据目标的运动轨迹模型（式（4-30）），可推算 N 个方位点的坐标为

$$\begin{cases} x_i = x_0 + v(t_i - t_0) \cos\alpha \\ y_i = y_0 + v(t_i - t_0) \sin\alpha \end{cases} \quad (i = 1, 2, \cdots, N)$$

于是可导出目标方位定位方程组为

$$\begin{cases} x_0 + v(t_i - t_0) \cos\alpha = x_{qi} + r_i \cos(\varphi_i) \\ y_0 + v(t_i - t_0) \sin\alpha = y_{qi} + r_i \sin(\varphi_i) \end{cases} \quad (i = 1, 2, \cdots, N)$$

因该方程组共有 $2N$ 个方程，故可解出 $2N$ 个未知数。若考虑其未知变量是 $r_1, r_2, \cdots, r_N$、t_0、x_0、y_0、v、α，共有 $N+5$ 个，则要使目标定位成功必须取 $N=5$，也就是必须成功五次发现目标。

若是原先的未知变量中的 t_0、x_0、y_0 已知，那么要使目标定位成功必须取 $2N = N+2$，也就 $N=2$，即必须成功两次发现目标。于是，基于两次目标发现的方位方程联立求解定位法应用就是解如下的方程组：

$$\begin{cases} x_0 + v(t_i - t_0) \cos\alpha = x_{qi} + r_i \cos(\varphi_i) \\ y_0 + v(t_i - t_0) \sin\alpha = y_{qi} + r_i \sin(\varphi_i) \end{cases} \quad (i = 1, 2)$$

步骤三，双网组合定位程序。

为将目标在节点间连接线上的位置和目标方形网眼区域的方位信息综合起来进行组合定位，先要将动态探测网和静态探测网的原有的探测和定位程序执行结果整理成便于利用的格式。

对于执行静态探测网的探测和定位程序得到的目标方位信息 $\{d \quad L \quad t\}$，可换算出目标方位信息 $\{x_0 \quad y_0 \quad t_0\}$。这恰恰符合方位方程联立求解时 $N=2$ 的条件，于是只要动态探测网成功两次发现目标，就可通过求解如下方程组

$$\begin{cases} x_0 + v(t_i - t_0)\cos\alpha = x_{qi} + r_i\cos(\varphi_i) \\ y_0 + v(t_i - t_0)\sin\alpha = y_{qi} + r_i\sin(\varphi_i) \end{cases} \quad (i = 1, 2)$$

得出 r_1、r_2、v、α，从而得出目标的运动轨迹模型。

由于在静态探测网定位计算时要用到目标运动速度 v 和目标运动角度 α，当这两个参数未知时，需要先用估计值。所以，当新的目标运动速度 v 和目标运动角度 α 得到后，可用迭代的方法，重复用新的 v 和 α 计算运动轨迹模型，直到新的 v 和 α 与上一次的 v 和 α 之间的差值很小为止。

第6章　PIR 探测器的入侵目标的感知能力实验

6.1　静态 PIR 探测器的入侵目标感知能力实验

6.1.1　PIR 探测器对人体目标的感知实验

1. 实验过程

如图 6-1 所示，实验场地选在某大学校园内人工草坪足球场。场地温度 25°左右，普通晴天的光照度，探测器周围无遮挡物。令人体目标测试者，分别在距离探测器 10m、20m、30m 处，沿垂直探测器的视场方向，以正常行走速度匀速行走。用数字存储示波器采集 PIR 探测器的输出信号波形。在不同的距离上重复多次实验以便消除实验的偶然误差。

图 6-1　静态 PIR 感知实验场地（见彩图）

2. PIR 探测器信号波形的实验记录

人体目标测试者是一位女性志愿者，身高 168cm，体重 65kg。志愿者沿着垂直探测器的方向以 2m/s 的速度往返运动。

如图 6-2 所示波形对应于志愿者距离探测器 10m 远处横向行走运动。如图 6-3 所示波形对应于志愿者距离探测器 20m 远处横向行走运动。如图 6-4 所示波形对应于志愿者距离探测器 30m 远处横向行走运动。

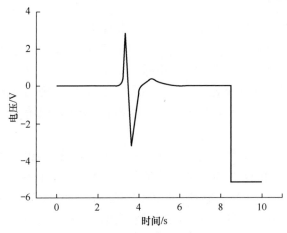

图 6-2 距离 10m 横向行走波形图

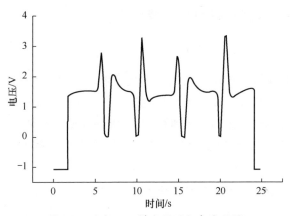

图 6-3 距离 20m 横向往返行走波形图

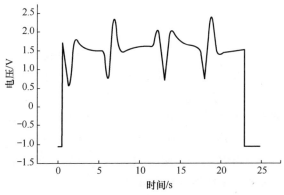

图 6-4 距离 30m 处横向往返行走波形图

3. 实验结果分析

由图 6-3 和图 6-4 可以看出，当志愿者往返行走中，从一个方向转为反方向运动时，热释电探测器的波形信号极性是相反的。这是由于本实验用的是双元热释电传感器，传感器中的敏感元件是串联的，并且其电极化方向正好相反，因此当目标从传感器敏感元的正感应区向负感应区运动时，传感器先输出正向信号再输出反向信号，反之亦然。由此可知，从探测器输出的波形信号中可以得到目标的运动方向信息。

如图 6-2 所示为志愿者在距离传感器 10m 处行走的波形图，峰峰值基本上已经达到饱和状态；而图 6-3 为被志愿者在距离传感器 20m 处行走的波形图，峰峰值为 3V 左右；图 6-4 为被志愿者在距离传感器 30m 处行走的波形图，峰峰值为 1.5V 左右。从 3 幅图中可以看出随着探测距离的增加，探测器输出波形峰峰值也逐渐变小。

6.1.2 PIR 探测器对车辆目标的感知实验

1. 实验过程

实验场地选在某大学校园内人工草坪足球场。场地温度 25° 左右，晴天，微风，探测器周围无遮挡物。设多种目标测试车，分别在距离探测器 50m 和 125m 处，沿垂直探测器的视场方向，匀速行驶。PIR 探测器固定高度 80cm，用数字存储示波器采集 PIR 探测器的输出信号波形。重复多次实验以便消除实验的偶然误差。

2. PIR 探测器信号波形的实验记录

如图 6-5 所示为黑色桑塔纳 2000，车速缓慢，约 10m/s，距离探测器 50m 处，沿垂直传感器视场方向行驶，其 PIR 探测器信号波形如图 6-6 所示。图 6-7 为绿色工具车，车速较快，约 20m/s，距离探测器 50m 处，沿垂直传感器视场方向行驶，其 PIR 探测器信号波形如图 6-8 所示。图 6-9 为两辆白色轿车连续驶过探测区，距离探测器 50m 处，沿垂直传感器视场方向行驶，其 PIR 探测器信号波形如图 6-10 所示。如图 6-11 所示为黄色小轿车，行驶速度大约 15m/s，距离探测器 125m 处，沿垂直传感器视场方向的斜上方或斜下方行驶，其 PIR 探测器信号波形如图 6-12 所示。如图 6-13 所示为多目标车辆行驶：第一个目标车辆为 835 路公交车，行驶速度约 10m/s；第二个目标车辆是一辆白色小面包车，车速大约为 20m/s；黑距离探测器 125m 处，沿垂直传感器视场方向的斜上方或斜下方行驶；其 PIR 探测器信号波形如图 6-14 所示。

图 6-5　距 50m 的黑色桑塔纳 2000 行驶（见彩图）

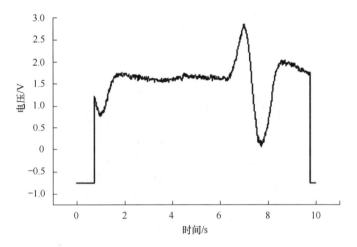

图 6-6　距 50m 的黑色桑塔纳行驶探测波形

图 6-7　距 50m 的绿色工具车行驶（见彩图）

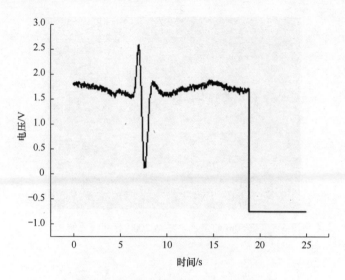

图 6-8　距 50m 的绿色工具车行驶探测波形

图 6-9　距 50m 的白色轿车行驶（见彩图）

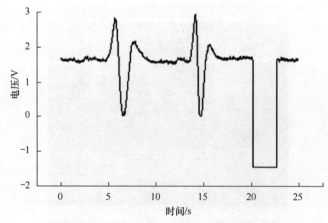

图 6-10　距 50m 的白色轿车行驶探测波形

图 6-11　距 125m 的黄色小轿车行驶（见彩图）

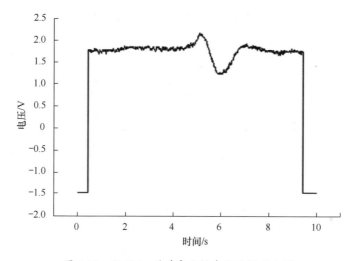

图 6-12　距 125m 的黄色小轿车行驶探测波形

图 6-13　距 125m 公交车和白色面包车的行驶（见彩图）

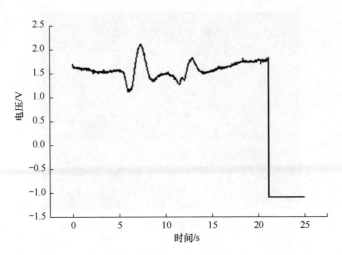

图 6-14 距 125m 公交车和白色面包车的行驶探测波形

3. 实验结果分析

如图 6-6 所示为黑色桑塔纳轿车以大约 10m/s 的速度横穿传感器探测区域时的波形图，其峰峰值可以达到 3V 左右，其波形上升沿及下降沿相对较缓慢，并且具有稳态回调现象。如图 6-8 所示为绿色工具车以大约 20m/s 的速度横穿传感器探测区域时的波形图，由于车速较快，所以与图 6-6 相比其波形上升沿与下降沿都较陡峭很多，并且因为与传感器作用时间较短，所以其峰峰值也较图 6-6 略小。如图 6-10 所示为多目标探测图形，因为是两辆车连续经过，所以出现两组脉冲波形。如图 6-12 和图 6-14 所示为远距离探测目标的探测波形图。尽管，相比距离探测器 50m 处时探测的信号波峰峰值已小了许多，但是还是可以确定发现目标，这说明了传感器 + 红外透镜的 PIR 探测器的探测距离远的优势。热释电传感器敏感元的面积很小，单个敏感元仅有 2mm^2，在远距离采集目标信号的时候，光轴稍有偏差就会导致目标丢失，特别是人体体积相对较小，更容易丢失目标。相对而言，目标车辆体积较大，距离传感器敏感元 125m 处时也可确保被探测发现。

6.1.3 PIR 探测器的目标运动横纵方向感知实验

据相关文献资料，PIR 传感器对人体的敏感程度和人的运动方向有很大关系。对于径向运动最不敏感，而对于横向运动最为敏感。如图 6-15 所示为 PIR 传感器对人体运动方向敏感程度立体示意图。如图 6-16 所示为 PIR 传感器对人体运动方向敏感程度平面示意图。

从表 6-1 所列的人体运动方向敏感实验的 PIR 传感器信号波形可以看出，目标径向运动时，传感器未能探测到目标，信号输出为一条直线；目标横向运动时，传感器可以探测到目标，热电信号输出有脉冲响应。该实验现象可用 PIR 传感器的传感机理来解释。PIR 传感器信号的产生源于两个敏感元件感应到的外界辐射能量之差。当目标沿径向方向运动时，两个敏感元件感应到目标辐射能量基本相同，从而互相抵消，对外显示无信号；当横向运动时两个敏感元件感应到的外界辐射能量有差别，从而有热电信号产生。

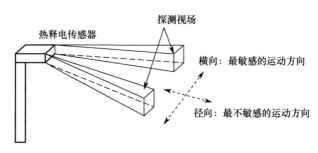

图 6-15　PIR 传感器对人体运动横纵方向敏感程度立体示意图

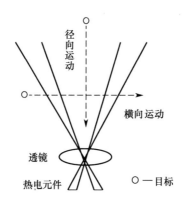

图 6-16　PIR 传感器对人体运动横纵方向敏感程度平面示意图

表 6-1　目标径向、横向运动信号实验结果

目标运动方向	径 向 运 动	横 向 运 动
输出热电信号		

6.1.4 PIR 探测器的目标横向运动左右方向感知实验

如图 6-17 所示为目标横切 PIR 视场时不同运动方向的探测场景示意图。探测器的探测高度固定为 50cm，人体目标的步速为 1.1~1.5m/s（成人正常步速）。表 6-2 为目标横向运动左右方向时所测得的 PIR 探测器信号波形记录。

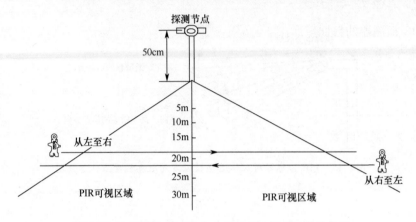

图 6-17 目标横向运动左右方向时 PIR 探测场景示意图

表 6-2 目标横向运动左右方向时的 PIR 探测器信号波形记录

距离/m	横向运动方向	
	从左至右	从右至左
10		
20		

从表 6-2 的实验结果可以看出，目标横切 PIR 探测视场时，PIR 探测器的信号波形将随着目标不同运动方向而改变，主要体现在波形正负峰值出现的先后顺序不同。当目标从左至右方向运动时，PIR 探测器信号峰值将呈现先负后正的特点。当目标从右至左方向运动时，PIR 探测器信号峰值将呈现先正后负的特点。产生该现象是由于双元热释电传感器的两个敏感元是串联的，接收到目标红外辐射的顺序是依次的。根据 PIR 传感器的传感原理可知，两个灵敏元的电极化方向

正好相反：一个产生正相电信号；另一个产生负相电信号，因此在接收到外辐射时传感器输出的信号中带有运动目标的方向信息。

正是因为 PIR 传感器输出信号波形的这种特点，从而可以确定用 PIR 传感器的输出信号波形的正负峰值出现顺序能做出目标运动方向的判断。

6.1.5　PIR 探测器的目标运动速度感知实验

PIR 探测器的目标运动速度敏感度实验过程中，目标做横向运动，且运动方向保持从右至左。表 6-3 为目标以不同速度通过 PIR 传感器视场时的 PIR 传感器信号波形。这与目标以从左至右方向横向运动时的实验结果是类似的。

表 6-3　PIR 探测器的目标运动速度感知实验数据

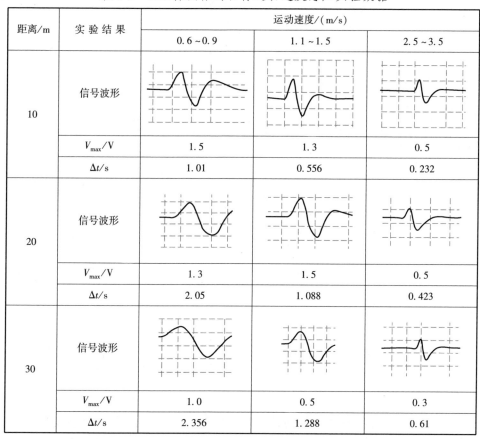

距离/m	实验结果	运动速度/(m/s)		
		0.6~0.9	1.1~1.5	2.5~3.5
10	信号波形			
	V_{max}/V	1.5	1.3	0.5
	Δt/s	1.01	0.556	0.232
20	信号波形			
	V_{max}/V	1.3	1.5	0.5
	Δt/s	2.05	1.088	0.423
30	信号波形			
	V_{max}/V	1.0	0.5	0.3
	Δt/s	2.356	1.288	0.61

从表 6-3 的实验数据可以归纳出，在相同距离的情况下，速度越快，输出波形幅值 V_{max} 越小，峰峰值间时间差 Δt 越短；相反，在相同距离的情况下，速度越慢，输出波形幅值 V_{max} 越大，峰峰值间时间差 Δt 越长。还有，人体目标速度越高则波形幅值 V_{max} 越小，预示着过高的人体目标速度下可能因 PIR 探测器太弱而失去感知能力。

6.1.6 PIR 探测器的目标距离感知实验

表 6-4 为 PIR 探测器的目标距离感知实验（目标步速为 $1.1 \sim 1.5\text{m/s}$）的实验波形。表 6-5 为表 6-4 所示波形的信号最大幅值量测结果，其中 $V_{\text{max\_av}}$ 为信号最大幅值平均值。表 6-6 则为表 6-4 所示波形的信号峰峰值时间差量测结果，其中 Δt_{av} 为峰峰值时间差平均值。

表 6-4 PIR 探测器的目标距离感知实验的实验波形

实验结果		1	2	3	4	5
从左至右 /m	10					
	15					
	20					
	25					
	30					
从右至左 /m	10					
	15					
	20					

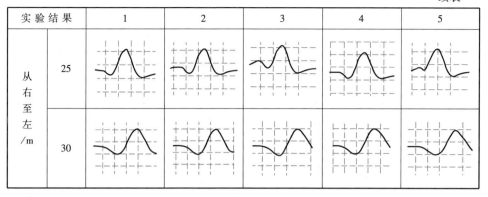

实验结果		1	2	3	4	5
从右至左/m	25					
	30					

表 6-5 PIR 探测器的目标距离感知实验信号最大幅值量测结果

方 向	距离/m	V_{max}/V					
		实 验 次 数					
		1	2	3	4	5	V_{max_av}
从左至右	10	2.84	2.88	2.88	2.92	2.88	2.888
	15	2.92	2.88	2.92	2.92	2.96	2.92
	20	2.92	2.92	2.96	3.0	3.0	2.96
	25	2.68	2.64	2.72	2.72	2.64	2.68
	30	2.48	2.48	2.48	2.48	2.4	2.46
从右至左	10	2.8	2.8	2.8	2.8	2.72	2.78
	15	2.84	2.88	2.88	2.96	2.8	2.87
	20	3.04	3.08	3.08	3.08	3.08	3.07
	25	3.16	3.16	3.16	3.16	3.16	3.16
	30	3.05	3.01	2.98	3.0	2.96	3.0

表 6-6 PIR 探测器的目标距离感知实验信号峰峰值时间差量测结果

方 向	距离/m	$\Delta t/s$					
		次 数					
		1	2	3	4	5	Δt_{av}
从左至右	10	0.536	0.556	0.584	0.588	0.576	0.57
	15	0.724	0.708	0.648	0.708	0.728	0.7
	20	0.988	0.956	1.012	1.088	0.972	1
	25	1.156	1.18	1.112	1.212	1.224	1.18
	30	1.288	1.34	1.26	1.268	1.324	1.3

续表

方　　向	距离/m	$\Delta t/s$					
		次　　数					
		1	2	3	4	5	Δt_{av}
从右至左	10	0.548	0.544	0.528	0.56	0.536	0.54
	15	0.656	0.688	0.696	0.678	0.663	0.7
	20	0.98	1.012	1.028	1.016	0.996	1.01
	25	1.168	1.112	1.16	1.336	1.276	1.21
	30	1.26	1.288	1.312	1.289	1.278	1.29

从表6-5和表6-6的实验数据可以看出：① PIR探测器对不同距离处目标的输出信号最大幅值没有明显差异；② PIR探测器对不同距离处目标的输出信号峰峰值时间差存在明显差异；③ PIR探测器对不同距离处目标的输出信号峰峰值时间差 Δt 因目标从左至右或从右至左的运动方向不同导致的差别很小。

6.2　环境因素影响静态 PIR 探测器单体目标感知能力的实验

6.2.1　气流波动影响 PIR 探测器目标感知能力的实验及分析

1. 实验设计

为了验证气流波动对热释电传感器信号采集影响，做如下实验设计。

（1）选取空间封闭、气流运动缓慢、环境温度基本恒定的室内环境作为实验场地。

（2）将标准红外辐射源自动往返滑动装置于距离 PIR 探测器8m处，标准红外辐射源将沿垂直传感器探测轴线方向以 1.2m/s 的速度自动往返运动。

（3）分别在 PIR 探测器的探测轴线一侧放置3台无叶风扇（图6-18（a）），可营造不同位置和不同风速的冷风（图6-18（b）），还可使用热风枪模拟热风噪声（图6-18（c））。

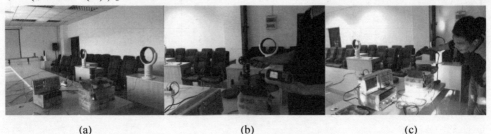

(a)　　　　　　　　　　　　(b)　　　　　　　　　　　　(c)

图6-18　气流波动影响室内实验场景图（见彩图）

2. 气流波动影响 PIR 探测器目标感知能力的实验及分析

实验条件的改变情况如表 6-7 所列。PIR 探测器实验波形如图 6-19 所示。由图 6-19 可以看出，风力场（气流场）对热释电传感器采集目标红外信号波形几乎没有影响，但当热风出现时，会对信号波形的零位产生一些偏移。

表 6-7 实验条件的改变情况

实验条件	吹风位置	风速/(m·s^{-1})	风温度/(°)	采集数据/组
无风	无	无	28.9	10
冷风	感知平台处	2.3	22.7	10
	目标处	2.3	22.7	10
	PIR 感知轴线上	2.3	22.7	10
热风	感知平台处	3.7	70	10
	目标处	3.7	70	10
		5	230	10

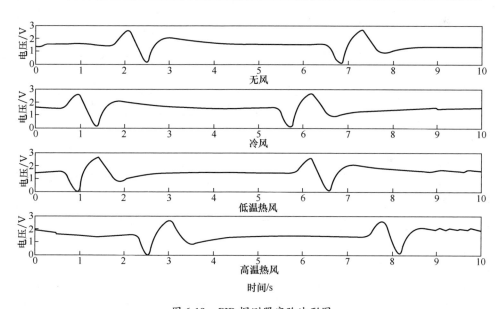

图 6-19 PIR 探测器实验波形图

6.2.2 太阳辐射影响 PIR 探测器目标感知实验及分析

为了验证太阳辐射对 PIR 探测器目标感知的影响，在室外分别进行了白天与夜间、夏季与冬季以及目标着装不同的 PIR 探测对比实验。其中，白天与夜间的 PIR 探测实验场景见图 6-20。在几个实验过程中，人体目标运动保持正常成人步速 1.2m/s 左右。

(a)   (b)

图 6-20　太阳辐射影响 PIR 探测实验场景图（见彩图）

（a）白天实验；（b）夜晚实验。

太阳辐射影响 PIR 探测器目标感知的实验结果如表 6-8 和表 6-9 所列。

表 6-8　白天与夜间的 PIR 探测实验结果

距离/m	实验结果	天气状况	
		白　天	黑　夜
10	信号波形		
	V_{max}/V	1.02	0.5
	Δt/s	0.57	0.51
30	信号波形		
	V_{max}/V	0.5	0.22
	Δt/s	1.17	1.14

表 6-9　夏季与冬季的 PIR 探测实验结果

距离/m	实验结果	季　节	
		夏　季	冬　季
10	信号波形		
	V_{max}/V	1.8	1.9
	Δt/s	0.53	0.57

续表

距离/m	实验结果	季 节	
		夏 季	冬 季
20	信号波形		
	V_{max}/V	1. 3	0. 5
	Δt/s	1. 04	0. 998
30	信号波形		
	V_{max}/V	0. 5	N/A①
	Δt/s	1. 29	N/A

① N/A 表示没有测量值。

由表 6-8 可知，相同的距离下，PIR 探测器输出信号的幅值，白天的最大幅值比夜间的幅值大 1 倍。究其原因，是当白天有阳光辐射目标时，目标表面温度较高，使得目标与背景温差较大，所以产生的信号幅值大；夜间时的情况正好与相反。然而，在能探测到目标的情况下，相同距离处热电信号峰峰值时间差则基本相差不多。

由表 6-9 可知，在夏季 PIR 探测器的探测距离能达到 30m 以上，而在冬季 30m 处 PIR 探测器未能探测到目标。究其原因，是夏季目标接收太阳辐射较强，目标向外界辐射能量较冬季多，PIR 探测器输出信号幅值大，所以探测距离远；冬季情况正好相反。此外，不论是夏季还是冬季，PIR 探测器所探测到的热电信号在相同距离处的信号峰峰值时间差数值上基本相同。

由表 6-10 的实验结果可以看出，目标着装差异能导致输出信号的幅值和所能探测到的最远距离均有明显的差别。当目标着装为衬衣时，探测距离较远，PIR 探测器输出信号最大幅值较大；而目标着装为隔热风衣时，可探测距离较近，PIR 探测器输出信号最大幅值较小。导致这种现象的原因是衣服的材质不同导致目标向外界所辐射能量存在较大差异，衬衫隔热性较差，使得目标对外辐射能量较多，PIR 探测器得到的输出热电信号幅值较大，目标着装隔热风衣时的情况恰好相反。此外，目标着装对太阳辐射的吸收和反射能力也有影响。同时，从实验数据也可看出，在能探测到目标的情况下，相同距离处所产生的热电信号峰峰值时间差是基本相同的。换句话说，PIR 探测器的峰峰值时间差对太阳辐射的变化并不敏感。

表 6-10　目标着装不同时的 PIR 探测实验结果

距离/m	实验结果	服　饰	
		衬　衣	隔热风衣
15	信号波形		
	V_{max}/V	1.5	0.5
	Δt/s	0.688	0.696
20	信号波形		
	V_{max}/V	1.2	N/A①
	Δt/s	1.028	N/A

① N/A 表示没有测量值。

上述实验表明，在室外应用 PIR 探测器时应该考虑太阳辐射的影响。在相同的季节里，PIR 探测器输出信号幅值会有白天和夜间的差别。在不同的季节，PIR 探测器的可探测距离和输出信号幅值也会有差异。在室外应用 PIR 探测器时还应该考虑目标着装的影响，因为目标着装材料会影响目标的探测效果。两类对比实验表明，太阳辐射对传感器探测距离有较大的影响，如将热释电传感器在室外使用，需考虑阳光的辐照度对探测距离的影响。

6.2.3　磁对 PIR 传感器目标感知影响实验及分析

图 6-21 是磁对 PIR 传感器目标感知实验真实场景图，图 6-22 是实验场地示意图。滑轨上的标准热源由自动移动小车带动，在距传感器 7.2m 处做垂直感知光轴的匀速直线运动。

首先观察没有大块磁铁（扬声器）的情况下，示波器采集的波形。然后将大块磁铁放置在 PIR 传感器旁 2cm 处，观察示波器输出波形。最后将大块磁铁放置在电路板旁 2cm 处，观察示波器采集的波形，并将所有数据汇总于表 6-11 中。图 6-23 是对实验波形数据量测的注释。

图 6-21　磁对 PIR 传感器影响实验场景图（见彩图）

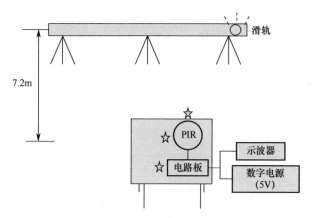

图 6-22　实验场地示意图

表 6-11　示波器输出的波形及参数统计表

实 验 条 件	PIR 波形	具 体 数 据					
		最大值 1/V	最小值 1/V	宽度 1/ms	最大值 2/V	最小值 2/V	宽度 2/ms
无干扰		1.96	1	250	1.88	1	236
		1.88	1	252	1.88	1	256
磁铁在 PIR 旁		1.88	1	253	1.92	1	234
		1.92	1	261	1.92	1	233

续表

实 验 条 件	PIR 波形	具 体 数 据					
		最大值 1/V	最小值 1/V	宽度 1/ms	最大值 1/V	最小值 2/V	宽度 2/ms
磁铁在 PIR 底		1.92	1.08	239	1.92	1.08	251
		1.88	1.08	269	1.88	1.08	239
磁铁在 电路板旁		1.92	1.04	248	1.92	1.04	242
		1.88	1.04	248	1.92	1.04	258

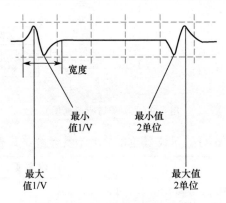

图 6-23 波形数据量测注释图

实验结果表明：上述实验条件下 PIR 传感器信号波形比较稳定。在实验条件下幅值基本一致，最大值最大相差 0.08V，最小值最大相差 0.04V，在 PIR 传感器信号波动范围之内，其宽度基本一致，在 250 单位上左右波动，在波动范围之内。因此可认为，磁对 PIR 传感器没有明显影响。

6.3 静态 PIR 探测器对于自动移动标准热源目标的感知实验

6.3.1 自动移动标准热源目标装置及与人体目标的对比实验

由于用人体目标做各项 PIR 探测实验有许多难以控制的因素，从而导致用人体目标做得的 PIR 探测实验的准确性和可靠性大打折扣，所以作者团队开发了一种可自动往返移动的、移动速度可以控制的、热辐射功率保持恒定的标准目标装置。这种装置简称为"自动移动标准热源目标装置"。自动移动标准热源目标装置由导轨架、标准热源灯和自动移动小车组成。导轨架长度为7m。标准热源灯是白炽灯，灯泡功率可选60W、100W或200W。自动移动小车由电机、电机控制器和传动机构构成，设定匀速往返速度为0.5m/s、1.0m/s和1.5m/s。与人体目标相比，自动移动标准热源目标装置主要有两个优点：目标自动往返移动并保持匀速和定速；热源辐射功率恒定可作为标准源。自动移动标准热源目标装置可完全代替人体目标志愿者的辛苦劳动。人体高矮胖瘦不同、衣着不同都会影响到热源辐射功率的大小，从而影响到实验结果的可比性。若采用自动移动标准热源目标装置就不用考虑热源辐射功率差异的问题了。不过，究竟采用多大功率的标准热源灯才能与人体目标的热源辐射功率相对等还需要仔细考虑。下述的标准热源替代人体目标的对比实验可以为其提供一些参考依据。

标准热源替代人体目标的对比实验在中北大学先进制造中心4层会议室完成，时间是2014年8月25日。标准热源替代人体目标的对比实验的实验方案设计可分为人体目标感知实验和标准热源目标感知实验两部分。人体目标和标准热源目标的运动速度都设为1.1m/s，都分别据PIR探测器9m、5m、3m处横切PIR探测器探测轴线运动。两个实验都采用同样的PIR探测器和数字存储示波器。如图6-24所示为标准热源目标感知实验场景图。标准热源灯选为100W功率的白炽灯。

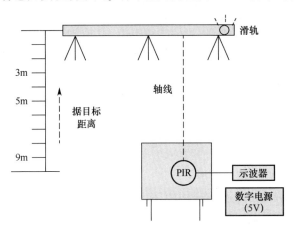

图6-24　标准热源目标感知实验场景图

表6-12为标准热源替代人体目标的对比实验的实验数据。

从表6-12的数据可以看出：① 用标准热源得到的同一距离的多次采集的探测数据之间的差值，远比用人体目标得到的同一距离的多次采集的探测数据之间的差值小，这可能是由于人体运动的速度控制不均匀造成的；② 用标准热源得到的同一距离的探测数据均值与用人体目标得到的同一距离的探测数据均值之间差值小，说明标准热源灯选为100W是与人体目标相匹配的。

表 6-12　标准热源替代人体目标的对比实验的实验数据

距离/m	标准热源峰峰值 ΔV/V	标准热源峰峰值 ΔV 均值（最大差值）/V	人体峰峰值 ΔV/V	人体峰峰值 ΔV 均值（最大差值）/V	ΔV 均值差/V
8.7	1.20	1.19（0.17）	1.08	1.064（0.08）	0.126
	1.11		1.04		
	1.28		1.04		
	1.24		1.12		
	1.12		1.04		
5	1.68	1.752（0.12）	1.60	1.704（0.48）	0.048
	1.76		1.52		
	1.80		2.00		
	1.76		1.68		
	1.76		1.72		
3	2.12	2.192（0.12）	2.20	2.032（0.44）	0.16
	2.12		1.96		
	2.24		1.76		
	2.24		2.08		
	2.24		2.16		

6.3.2　基于自动移动标准热源目标装置的静态 PIR 探测器感知实验方案

为考证静态 PIR 探测器在不同热源、不同目标移动速度、不同目标背景和不同环境光照条件下的目标感知效果，特设计以下实验方案。

1. 14 号楼四层会议室实验

在 14 号楼四层会议室进行的实验有如下 3 类：

（1）横切运动侧光环境实验；

（2）斜切运动（30°）侧光环境实验；

（3）横切运动顶光环境实验。

这些实验的实验场地布置如图 6-25 所示。采用了自动移动标准热源目标装置。标准热源的白炽灯功率为 200W。自动移动标准热源的移动速度选为 1.5m/s、1m/s 和 0.5m/s 3 种。目标横切运动，离 PIR 探测器的距离分别选为：横切运动侧光环境实验包括 1m、2m、3m、4m、5m、6m、7m、8m、9m、10m；斜切运动侧光环境实验包括 2m、4m、6m、8m；横切运动顶光环境实验包括 2m、4m、6m、8m。所谓侧光环境指的是环境光线来自 PIR 探测射线一侧的窗户自然光。所谓顶光环境指的是环境光线来会议室顶棚照明灯光（此时，已挂遮光窗帘）。

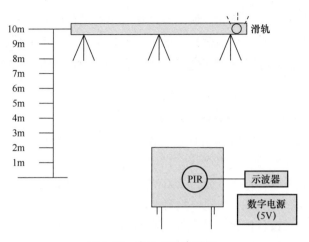

图 6-25　实验场地布置图

2. 图书馆一层东偏厅实验

在图书馆一层东偏厅进行的实验有如下 4 类：

（1）横切运动逆光环境实验；

（2）横切运动顺光环境实验；

（3）横切运动小灯光源顺光环境实验；

（4）横切运动小灯光源顺光环境远背景墙实验。

这些实验的实验景如图 6-26 所示。同样采用了自动移动标准热源目标装置。标准热源的白炽灯功率一般为 200W，但在小灯实验时选为 100W。自动移动标准热源的移动速度选为 1.5m/s、1m/s 和 0.5m/s 共 3 种。目标横切运动，离 PIR 探测器的距离（米）分别选为：横切运动逆光环境实验包括 1m、2m、3m、4m、5m、6m、7m、8m、9m、10m；横切运动顺光环境实验包括 1m、2m、3m、4m、6m、8m、10m；横切运动小灯光源顺光环境实验包括 3m、5m、8m；横切运动小灯光源顺光环境远背景墙实验包括 3m、5m、8m。所谓逆光环境指的是环境光线

图 6-26　图书馆一层东偏厅实验场景（见彩图）

来自目标端方向的门厅自然光。所谓顺光环境指的是环境光线来自 PIR 探测端的门厅自然光。所谓远背景墙是指目标端后面的背景是一条长走廊。

6.3.3 基于自移动标准热源目标的静态 PIR 探测器感知实验结果及分析

1. 14 号楼四层会议室实验结果及分析

2014 年 5 月 30 日在 14 号楼四层会议室进行的基于自移动标准热源目标的静态 PIR 探测器感知实验，是以会议室白墙为背景，采用自动移动标准热源目标装置，标准热源的白炽灯功率选为 200W，自动移动标准热源的移动速度选为 1.5m/s、1m/s 和 0.5m/s。在同一距离，选一种速度至少记录往返一次的 PIR 探测数据。实验结果按目标运动从左至右和从右至左的差别、PIR 探测器的峰峰值和峰峰值时间差对感知距离的响应差别，以及侧光环境、顶光环境和斜切运动对 PIR 探测器目标距离感知的影响分为 3 个类别。

1) 目标运动从左至右和从右至左的差别

图 6-27 ~ 图 6-29 表示的是距离-峰峰值时差在 3 种目标速度下的响应。图中横坐标为距离 L，纵坐标为峰峰值时间差 DT；实线是目标运动从左到右时的响应（以 + 号标记），虚线是目标运动从右到左时的响应（以 - 号标记）。由图可见，两条响应曲线交织在一起，有差别但相差不大。这说明，对于 PIR 探测器的目标距离感知，可以不计较目标运动的方向差别。

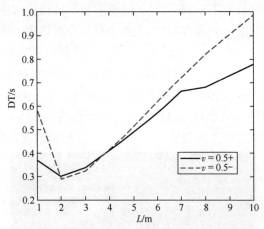

图 6-27 距离-峰峰值时间差（0.5m/s、侧光）

图 6-30 ~ 图 6-32 表示的是距离-峰峰值在 3 种目标速度下的响应。图中横坐标为距离 L，纵坐标为峰峰值 DV；实线是目标运动从左到右时的响应，虚线是目标运动从右到左时的响应。由图可见，与距离-峰峰值时间差的响应情况类似，两条响应曲线交织在一起，有差别但相差不大。因此，后述的 PIR 探测器的目标距离感知响应只给出目标运动从左到右时的响应。

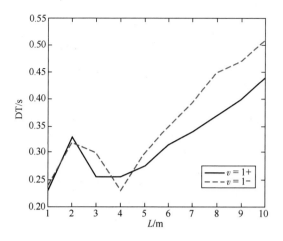

图 6-28　距离-峰峰值时间差（1m/s、侧光）

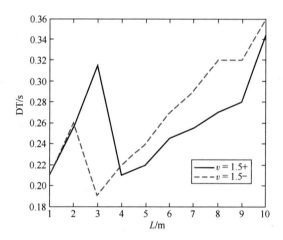

图 6-29　距离-峰峰值时间差（1.5m/s、侧光）

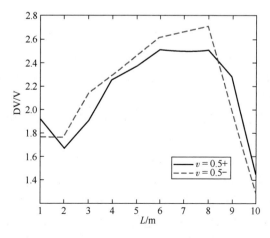

图 6-30　距离-峰峰值（0.5m/s、侧光）

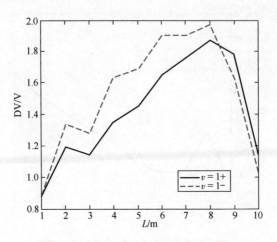

图 6-31　距离–峰峰值（1m/s、侧光）

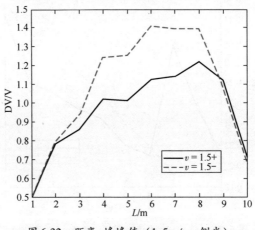

图 6-32　距离–峰峰值（1.5m/s、侧光）

2）PIR 探测器的峰峰值和峰峰值时间差对感知距离的响应差别

图 6-33 是 PIR 探测器的峰峰值时间差对感知距离的响应曲线。从图 6-33 可以看出：在 4m 以下，PIR 探测峰峰值时间差与目标距离无线性关系；在 4m 以上，PIR 探测峰峰值时间差与目标距离有明显的线性关系；而且目标运动速度越小，探测峰峰值时间差与目标距离的线性区越长。例如，0.5m/s 速度下的线性区为 8m，1.5m/s 速度下的线性区为 6m；此外，PIR 探测峰峰值时间差与目标距离的响应强度（对应于响应曲线的斜率）随着目标运动速度的减少而增加，速度越小响应强度越大。

图 6-34 是 PIR 探测器的峰峰值对感知距离的响应曲线。从图可以看出：在 8m 以下范围内，PIR 探测的峰峰值随着距离的增加越来越大；而在 8m 以上，PIR 探测峰峰值随着距离增加越来越小；很明显，PIR 探测峰峰值与目标距离的线性关系在 3~8m 距离的区域；此外，PIR 探测峰峰值与目标距离的响应强度也

随着目标运动速度的减少而增加，速度越小响应强度越大；在 0.5m/s 的速度下最大峰峰值可达 2.6V；在 1.5m/s 的速度下最大峰峰值接近 1.2V。

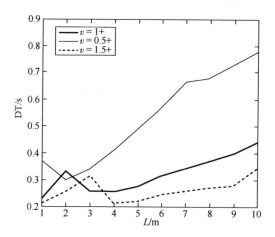

图 6-33　距离-峰峰值时间差（3 速、侧光）

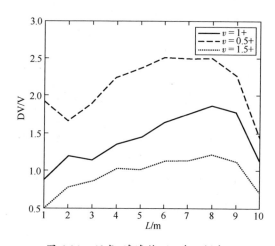

图 6-34　距离-峰峰值（3 速、侧光）

3）侧光环境、顶光环境和斜切运动对 PIR 探测器目标距离感知的影响

图 6-35 ～ 图 6-37 是在侧光环境、顶光环境和斜切运动条件下的 PIR 探测器的峰峰值对感知距离的响应曲线。

从图 6-35 ～ 图 6-37 可以看出：目标斜切的影响是 PIR 探测峰峰值与目标距离的响应值减小了一点（对比侧光（横切）和（侧光）斜切两条响应曲线）；而顶光环境和侧光环境的差别是顶光环境下的 PIR 探测峰峰值与目标距离的响应值减小了一点。

图 6-38 ～ 图 6-40 是在侧光环境、顶光环境和斜切运动条件下的 PIR 探测器的峰峰值时间差对感知距离的响应曲线。

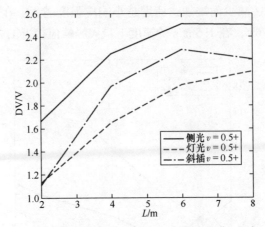

图 6-35　距离-峰峰值（0.5m/s、斜切/灯光/侧光）

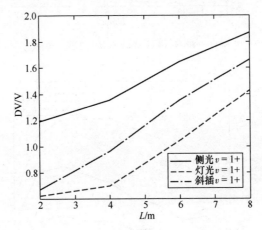

图 6-36　距离-峰峰值（1m/s、斜切/灯光/侧光）

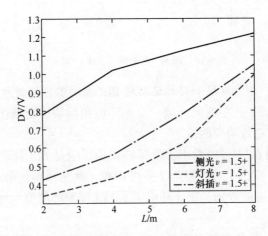

图 6-37　距离-峰峰值（1.5m/s、斜切/灯光/侧光）

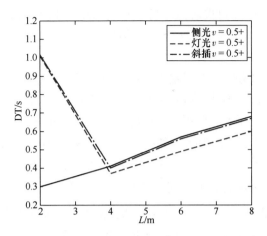

图 6-38　距离-峰峰值时间差（0.5m/s、斜切/灯光/侧光）

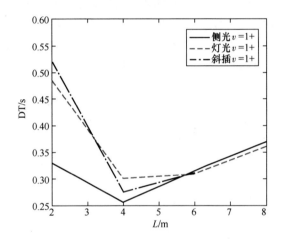

图 6-39　距离-峰峰值时间差（1.0m/s、斜切/灯光/侧光）

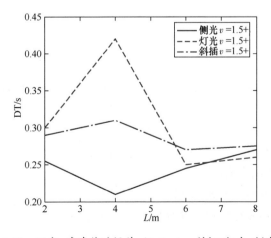

图 6-40　距离-峰峰值时间差（1.5m/s、斜切/灯光/侧光）

从图 6-38 ～图 6-40 可以看出：目标斜切运动时 PIR 峰峰值时间差的响应值略大；而再 4m 以后在顶光环境和侧光环境的差别对 PIR 峰峰值时间差的响应值影响不大。

综合以上的 4 号楼四层会议室实验结果及分析，发现距离 1～4m 的响应是异常的。对此，从 PIR 探测波形分析上找到了线索：1～4m 的响应有多次正向和负向的脉动波存在。更深入的分析是：这些多余的脉动波对应于标准热源灯光在目标背景白墙上的反光，PIR 探测器离目标越近这些反光作用越强。所以，后面的实验中采取了抑制干扰的措施：加遮光罩和降低光源灯功率。

2. 图书馆一层东偏厅实验结果及分析

1）顺光环境大灯光源下目标运动从左至右和从右至左的差别

图 6-41 ～图 6-43 表示的是距离-峰峰值时差在 3 种目标速度下的响应。图中横坐标为距离 L，纵坐标为峰峰值时间差 DT；实线是目标运动从左到右时的响应（以 + 号标记），虚线是目标运动从右到左时的响应（以–号标记）。由图可见，两条响应曲线交织在一起，有差别但相差不大。这说明，对于 PIR 探测器的目标距离感知，可以不计较目标运动的方向差别。

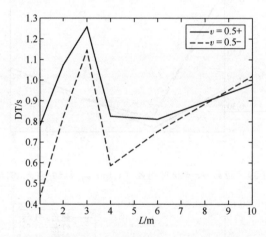

图 6-41　距离-峰峰值时间差（0.5m/s、+从左至右/–从右至左）

图 6-44 ～图 6-46 表示的是距离-峰峰值在 3 种目标速度下的响应。图中横坐标为距离 L，纵坐标为峰峰值 DV；实线是目标运动从左到右时的响应，虚线是目标运动从右到左时的响应。由图可见，在目标运动低速时与距离-峰峰值时间差的响应情况类似，两条响应曲线交织在一起，有差别但相差不大；而在目标运动中高速时，虚线响应值高一些。

2）顺光环境和逆光环境对 PIR 探测器目标距离感知的影响

图 6-47 是在顺光环境和逆光环境条件下的 PIR 探测器的峰峰值时间差对感知距离的响应曲线。

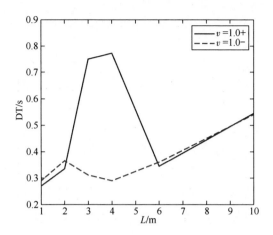

图 6-42 距离-峰峰值时间差（1.0m/s、+从左至右/−从右至左）

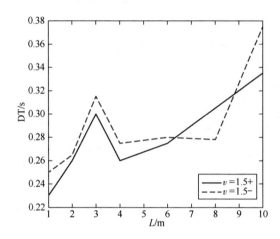

图 6-43 距离-峰峰值时间差（1.5m/s、+从左至右/−从右至左）

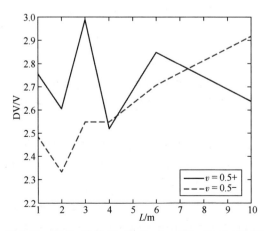

图 6-44 距离-峰峰值（0.5m/s、斜切/灯光/侧光）

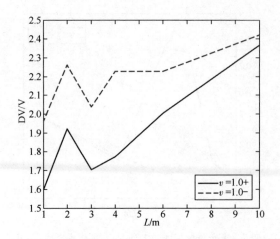

图 6-45　距离−峰峰值（1.0m/s、斜切/灯光/侧光）

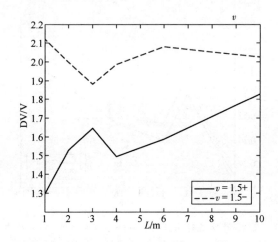

图 6-46　距离−峰峰值（1.5m/s、斜切/灯光/侧光）

从图 6-47 可以看出：在同样的目标运动速度下，在顺光环境和逆光环境条件下的 PIR 探测器的峰峰值时间差响应曲线时交织在一起；不过，顺光环境下的更受大灯光源在目标背景白墙上的反光的影响，在近距离时表现出波动。若不考虑大灯光源在目标背景白墙上反光的影响，可以认为顺光环境和逆光环境的变化不太影响峰峰值时间差响应。

3）顺光环境下小灯和大灯光源对 PIR 探测器目标距离感知的影响

图 6-48 是在顺光环境下大灯和小灯变化时的 PIR 探测器的峰峰值时间差对感知距离的响应曲线。

从图 6-48 可以看出：在小灯条件下，由于没有了光源在目标背景白墙上反光的影响，峰峰值时间差对感知距离的线性关系表现得很明显。这证明了前述对峰峰值时间差出现波动的原因分析是正确的。

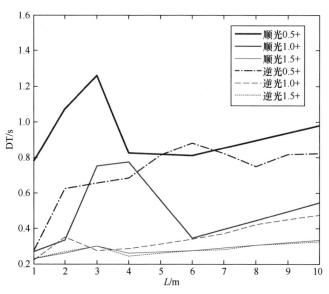

图 6-47 距离-峰峰值时间差（3速、顺光/逆光）（见彩图）

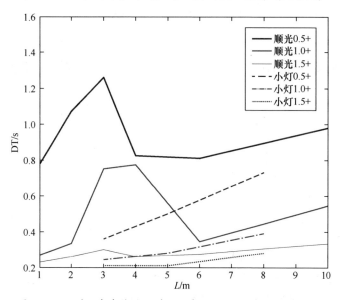

图 6-48 距离-峰峰值时间差（3速、小灯/顺光）（见彩图）

4）顺光环境小灯光源下目标近背景和远背景对 PIR 探测器目标距离感知的影响

图 6-49 是顺光环境小灯光源下目标背景墙远近变化时 PIR 探测器的峰峰值时间差对感知距离的响应曲线。

从图 6-49 可以看出：在目标背景墙较远时，或许由于未知的光源干扰，造成峰峰值时间差的波动响应，在近测距时尤为明显。

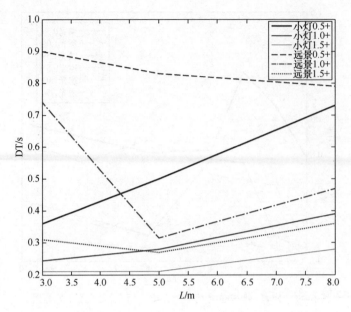

图 6-49　距离-峰峰值时间差（3 速、小灯/远景）（见彩图）

6.4　动态 PIR 探测器的入侵目标感知实验

6.4.1　纯净背景下动态 PIR 探测器的目标感知实验

为了了解背景物体对动态热释电探测器的影响，使用隔热布将动态红外探测系统与周围环境隔开，使探测背景物的红外热量分布均匀，制造了一个纯净背景。采集动态热释电传感器在无目标侵入情况下的波形信号，如图 6-50（a）所示。采集到的波形基本为一条直线，证明了在周围背景物红外热量相同的情况下，所探测区域不存在温度差。

图 6-50（b）为人员目标进入隔热布背景后采集到的信号波形图。在纯净背景条件下，用动态热释电探测器可以用来探测到人员目标；即使人员目标处于静止状态，由于动态热释电探测器的扫描探测机理，它也可以发现目标。

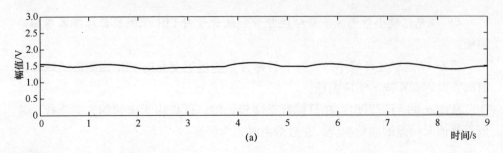

(a)

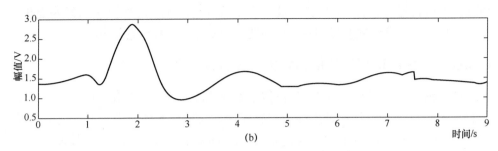

图 6-50　无背景物时采集到的 PIR 信号

（a）无目标无背景物波形图；（b）有目标无背景物波形图。

6.4.2　复杂背景下动态 PIR 探测器的目标感知实验

动态热释电探测器的实际使用将面对复杂的背景，而不是上节所述的纯净背景。为此，进行复杂背景下的动态 PIR 探测器的目标感知实验很有必要。复杂背景下动态 PIR 探测器的目标感知实验分两步进行：先采集无目标侵入情况下背景波形图，然后让受试者以正常的步行速度穿越探测器的感测区域。实验中测得的探测器的感知数据记录如图 6-51 所示。

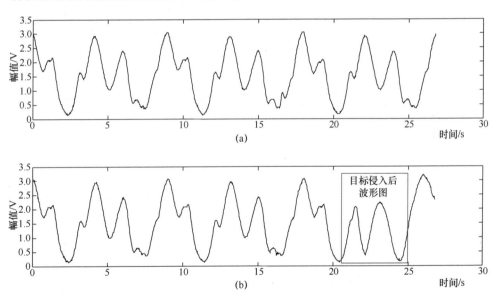

图 6-51　复杂背景下采集到的 PIR 探测信号

（a）无目标复杂背景波形图；（b）有目标侵入后波形图。

图 6-51 为复杂背景下采集到的 PIR 信号波形图。图 6-51 中有两张图，图 6-51（a）为无目标侵入时的背景波形图，图 6-51（b）为目标侵入后采集到的 PIR 信号波形图。图中框中所示为目标侵入后造成的波形改变。与背景图对比

可知，人员目标侵入后，PIR 信号波形有了改变，反映了红外热量辐射的变化。由此可见，利用背景帧波形和有目标帧波形的差异，很容易发现目标侵入。

6.4.3 动态 PIR 探测器的目标方位角探测实验

使用帧差法处理动态热释电探测器采集到的波形信号可提取目标的方位角度信息。图 6-52 为没有目标进入探测器感知区域时采集到的两个周期的波形曲线（红线，标记为 background；绿线，标记为 no target）以及使用帧差法处理后得到的差分波形曲线（黑线，标记为 result）。图 6-53 是当目标进入后采集到的背景波形曲线（红线，标记为 background）、目标波形曲线（绿线，标记为 target）及经过帧差法处理得到的波形曲线（黑线，标记为 result）。对比图 6-52 和图 6-53，可以看出，经过帧差法处理后可以很好地滤除背景波形造成的影响，从背景波形中提取出目标信号，而后根据目标信号出现的位置就可得出目标的方位角度数值。

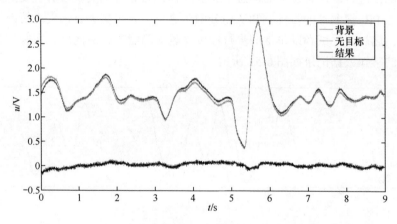

图 6-52　无目标时的帧差结果（见彩图）

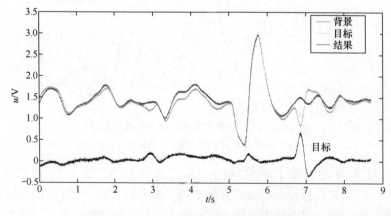

图 6-53　有目标时的帧差结果（见彩图）

为了测试动态 PIR 探测器方位角探测的准确度，进行了使用标准热源目标作为红外目标的方位角探测准确性实验。方位角探测准确性实验场地布置如图 6-54 所示。在实验中，先将标准热源置于 PIR 动态探测器所在象限的不同方位角度值上，再用正方形网眼的一个探测基站 4 个象限的 PIR 动态探测器进行探测验证。每个 PIR 动态探测器所用的算法是前述的帧差法。每组实验重复 10 次，取最大误差值列在表 6-13 中。由表 6-13 可以看出，所有的方位角探测误差在 ±3°；而靠近每个象限的中心角度时（如第一象限的 45、67）的误差最小，仅为 ±1°；越靠近象限起始和终止角度时（如第一象限的 13、81）误差越大，但是也不超过 ±3°。

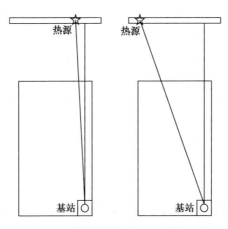

图 6-54　方位角探测准确性实验场地

表 6-13　方位角探测准确性实验数据

实际角度/(°)	第一象限 PIR 探角/(°)		第二象限 PIR 探角/(°)		第三象限 PIR 探角/(°)		第四象限 PIR 探角/(°)	
	上半周	下半周	上半周	下半周	上半周	下半周	上半周	下半周
13	14	13	105	104	194	195	284	284
45	45	45	134	135	225	224	315	315
67	66	68	155	156	248	247	335	337
81	80	79	173	174	262	263	348	350

6.4.4　动态 PIR 探测器扫描与目标运动的相对速度的影响实验

除了上述因素外，探测器扫描与目标运动的相对速度也影响探测器对目标的探测。动态 PIR 探测器的转台转动速度对探测器能否发现目标起着决定性作用，转台转速过慢或过快都容易造成目标探测失败（目标丢失）的情况。如果转台转速很慢，假设为 5(°)/s，探测器的转台在 90°往返摆动一周需要 36s。假设目标以 3m/s 的速度做匀速直线运动，36s 的时间内目标可以行进 108m，远远超出了探测器的感测范围，就可能导致目标虽驶过探测器的计划感测区域但由于探测器自身转动速度过慢而未能实际探测到目标。如果探测器转台转速很快的时候，则不会出现漏测情况，但是转速过快会造成以下两个问题。

（1）在探测器转台转速很快的情况下，无目标复杂背景环境的红外热量辐射也将造成 PIR 探测器的较强烈的脉动信号，这相当于目标的强干扰信号，肯定会降低动态热释电探测器对目标的感知灵敏度。

（2）PIR 探测器的敏感元件只有 $2 \times 1mm^2$ 的大小，所以 PIR 探测器对目标信号的感知决定于目标辐射能传递到这个很小面积的敏感元件表面的时间长短。当动态热释电探测器探测目标时，其传感作用时间就是两者相对运动的时间差。如果探测器扫描速度相对目标运动速度过快则两者作用时间就会很短，很可能出现扫过目标但是因为作用时间太短致使热释电探测器无反应。

为此进行了动态 PIR 探测器扫描与目标运动的相对速度对探测影响的实验，该实验的实验场景如图 6-55 所示。在实验中，利用自动移动标准热源目标装置使红外标准源（200W 白炽灯）以不同的运动速度匀速穿过 PIR 探测器的感测视场，PIR 探测器设置在网域探测节点设备上，探测器周围无任何物体遮挡，室温 15°左右，每种目标速度重复 5 次。该实验的动态 PIR 探测器探测信号的峰峰值实验数据如表 6-14 所列。

图 6-55　动态 PIR 扫描与目标运动的相对速度影响实验场景（见彩图）

表 6-14　动态 PIR 探测器扫描与目标运动的相对速度影响实验数据

目标与 PIR 相对速度/($m \cdot s^{-1}$)	从正区到负区峰峰值/V	从负区到正区峰峰值/V
0.335	3.24	3.16
0.417	3.16	3.04
0.5	3.08	3.04

目标与 PIR 相对速度/(m·s^{-1})	从正区到负区峰峰值/V	从负区到正区峰峰值/V
0.583	2.96	3.00
0.667	2.96	2.96
0.75	2.88	2.92
0.883	2.80	2.84
0.917	2.68	2.68
1	2.60	2.68
1.084	2.56	2.60
1.167	2.48	2.56
1.25	2.40	2.44
1.333	2.32	2.36
1.417	2.28	2.28
1.5	2.24	2.28

根据表 6-14 数据,可拟合得到如图 6-56 所示的探测峰峰值和探测器扫描与目标的相对速度之间的关系曲线。图 6-56 中,横坐标为相对速度,纵坐标为探测器响应峰峰值,用"○"标记从正区到负区的探测器响应峰峰值数据点,用"+"标记从负区到正区的探测器响应峰峰值数据点。对应的蓝线是贴近从正区到负区的探测器响应峰峰值数据点的拟合曲线(用三次方程拟合),对应的红线是贴近从负区到正区的探测器响应峰峰值数据点的拟合曲线(用二次方程拟合)。由图可见,探测器扫描与目标运动的相对速度越大则动态 PIR 探测器的峰峰值响应越小。所以在使用动态热释电探测器时选取合适的转台转动速度很重要,可以根据实际需求选取最优的转台转速。

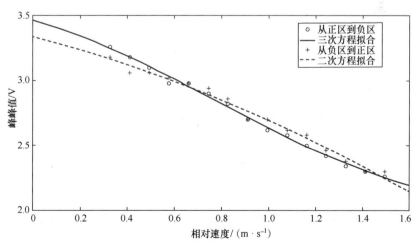

图 6-56　动态 PIR 扫描与目标的相对速度与峰峰值响应(见彩图)

第 7 章　基于 PIR 探测网域的入侵目标定位实验

7.1　基于动态 PIR 四方形网眼探测网域的入侵目标定位实验

7.1.1　基于动态 PIR 正方形网眼探测网域的定位计算技术

1. 动态扫描 PIR 探测器数据的时间轴与转角轴变换

根据实际实验可测得 PIR 探测器的动态扫描时间 t 与探测转角 θ 关系曲线，如图 7-1 所示。该换算关系为

$$\theta = \begin{cases} 0 & (0 < t < \tau_1) \\ \dfrac{90}{T_1}(t - \tau_1) & (\tau_1 < t < \tau_1 + T_1) \\ 0 & (\tau_1 + T_1 < t < \tau_1 + \tau_2 + T_1) \\ 90 - \dfrac{90}{T_2}(t - (\tau_1 + \tau_2 + T_1)) & (\tau_1 + \tau_2 + T_1 < t < T) \end{cases} \tag{7-1}$$

一个扫描周期的时间 T 为

$$T = \tau_1 + \tau_2 + T_1 + T_2 \tag{7-2}$$

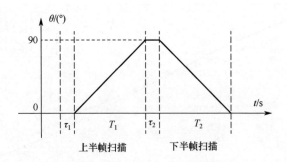

图 7-1　不同扫描时刻下的探测角

据式（7-1）的实测曲线，可将动态扫描 PIR 探测器数据的时间 t 轴换为探测转角 θ 轴。

2. 动态扫描 PIR 探测器信号的信号处理过程

通过数据采集器可获得每个动态扫描 PIR 探测器的原始采样数据序列。设每半帧数据序列表示为 $\{u_i \quad t_i\}_{mjk}$，其中：下标 i 为时间序号；m 为时间帧序号（按半帧计算）；j 为网眼序号；k 为节点探测器序号。据式（7-1）可得探测角度变量，数据序列变为 $\{u_i \quad \theta_i \quad t_i\}_{mjk}$。经帧差法处理，数据序列变成 $\{\tilde{u}_i \quad \theta_i \quad t_i\}_{mjk}$。经目标发现分析处理程序可得到每半帧输出数据 $\{\theta_t \quad t \quad U\}_{mjk}$，其中：$\theta_t$ 为探测角；t 为发现目标的探测时刻；U 为信号强度。经网眼定位计算可得网眼定位数据 $\{\theta \quad z \quad t\}_{mjk}$。

归纳信号处理过程：

$$\{u_i \quad t_i\}_{mjk} \Rightarrow \{u_i \quad \theta_i \quad t_i\}_{mjk} \Rightarrow \{\tilde{u}_i \quad \theta_i \quad t_i\}_{mjk} \Rightarrow \{\theta_t \quad t \quad U\}_{mjk} \Rightarrow \{\theta \quad z \quad t\}_{mjk}$$

3. 动态扫描 PIR 探测器数据帧差法处理

动态扫描 PIR 探测器的两帧数据经帧差处理后，探测到目标的响应曲线的明显特征是有变化率突变。如图 7-2 所示的某次实验曲线。因此设计一个合适的变化率阈值 δ，当首次

$$\left| \frac{\Delta u_i}{\Delta t} \right| > \delta \tag{7-3}$$

则记 θ_i 为发现角 θ_s。当最后一次满足式（7-3）时，记 θ_j 为消失角 θ_e。然后计算二次帧差法数据：

$$\{\tilde{u}_i\}_{mjk} = \begin{cases} \Delta u_i & (\theta_i < \theta_s, \theta_i > \theta_e) \\ u_i & (\theta_s < \theta_i < \theta_e) \end{cases} \tag{7-4}$$

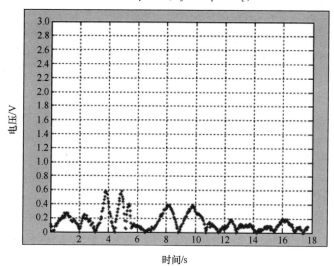

图 7-2 一次帧差处理后的响应

4. 扫描 PIR 探测数据的数据融合

设某上半帧数据为 $\{\theta \quad z \quad t\}_{mjk}$，而下半帧数据为 $\{\theta \quad z \quad t\}_{(m+1)jk}$，则扫描 PIR 的全帧输出数据为

$$\{\hat{\theta} \quad \hat{z} \quad \hat{t}\}_{mjk} = f(\{\theta \quad z \quad t\}_{mjk}, \{\theta \quad z \quad t\}_{(m+1)jk}) \tag{7-5}$$

一个四方网眼的动态 PIR 探测数据可由 4 个探测基站的 PIR 探测器的数据来融合：

$$\begin{cases} \theta = \dfrac{\hat{\alpha}_1 + \hat{\alpha}_2 + \hat{\alpha}_3 + \hat{\alpha}_4}{4} \\ z = \dfrac{\hat{z}_1 + \hat{z}_2 + \hat{z}_3 + \hat{z}_4}{4} \\ t = \dfrac{t_1 + t_2 + t_3 + t_4}{4} \end{cases} \tag{7-6}$$

5. 目标运动方程

假定目标以匀速 v 和方向角 θ 通过网格单元区域。目标的轨迹方程如式（7-7）所示。采用直角坐标系，坐标原点在网格单元区域左下角，即西南基站所处位置（参见图 4-13，西南基站，代号 WS，对应于 PIR4）。

$$\begin{cases} y(t) = y_0 + v_y(t - t_0) \\ x(t) = x_0 + v_x(t - t_0) \end{cases} \tag{7-7}$$

式中：x_0 和 y_0 为 t_0 时刻的目标方位值；v_x 和 v_y 是速度 v 在 x 轴和 y 轴上的分量。v_x 和 v_y 可由下式计算：

$$\begin{cases} v_x = \begin{cases} v\cos\theta & (0° \leqslant \theta < 90°) \\ -v\cos(180° - \theta) & (90° \leqslant \theta < 180°) \\ -v\cos(\theta - 180°) & (180° \leqslant \theta < 270°) \\ v\cos(360° - \theta) & (270° \leqslant \theta < 360°) \end{cases} \\ v_y = \begin{cases} v\sin\theta & (0° \leqslant \theta < 90°) \\ v\sin(180° - \theta) & (90° \leqslant \theta < 180°) \\ -v\sin(\theta - 180°) & (180° \leqslant \theta < 270°) \\ -v\sin(360° - \theta) & (270° \leqslant \theta < 360°) \end{cases} \end{cases} \tag{7-8}$$

6. 目标被探测角方程

随着目标的移动，目标对各基站的**被探测角**也随之改变。参见图 4-13，对于西南基站（1）西北基站（2）东北基站（3）和东南基站（4），目标被探测角可由以下公式计算：

$$\theta_1(t) = \arctan\frac{y(t)}{x(t)} \tag{7-9}$$

$$\theta_2(t) = 270° - \arctan \frac{x(t)}{L - y(t)} \tag{7-10}$$

$$\theta_3(t) = 180° + \arctan \frac{L - y(t)}{L - x(t)} \tag{7-11}$$

$$\theta_4(t) = 90° + \arctan \frac{L - x(t)}{y(t)} \tag{7-12}$$

式（7-9）～式（7-12）的应用条件是目标在网格单元内，即 $0 \leqslant x < 20°$，$0 \leqslant y < 20°$。若目标不在网格单元内，即 $x < 0$，$x > 20$ 或 $y < 0$，$y > 20$，则令 $\theta = 780°$。

7. 基站探测角方程

在任意时刻，各基站的**探测角**实际由各基站转台装置给定。对于西南基站（1）西北基站（2）东北基站（3）和东南基站（4）的探测角，可用式（7-13）～式（7-16）计算：

$$\bar{\theta}_1(t) = \begin{cases} 90° - K_1(t - t_0) & (0 \leqslant t - t_0 < 9) \\ K_1(t - t_0 - 9) & (9 \leqslant t - t_0 < 18) \end{cases} \tag{7-13}$$

$$\bar{\theta}_2(t) = \begin{cases} 360° - K_2(t - t_0) & (0 \leqslant t - t_0 < 9) \\ 270° + K_2(t - t_0 - 9) & (9 \leqslant t - t_0 < 18) \end{cases} \tag{7-14}$$

$$\bar{\theta}_3(t) = \begin{cases} 270° - K_3(t - t_0) & (0 \leqslant t - t_0 < 9) \\ 280° + K_3(t - t_0 - 9) & (9 \leqslant t - t_0 < 18) \end{cases} \tag{7-15}$$

$$\bar{\theta}_4(t) = \begin{cases} 180° - K_4(t - t_0) & (0 \leqslant t - t_0 < 9) \\ 90° + K_4(t - t_0 - 9) & (9 \leqslant t - t_0 < 18) \end{cases} \tag{7-16}$$

式中：$\{K_i, i = 1, 2, 3, 4\}$ 为各基站的转角变化率。

8. 目标被探测到的条件

当目标被某基站探测到时，有式（7-17）～式（7-20）成立：

$$t_1 = \min\{|\theta_1(t) - \bar{\theta}_1(t)|\} \tag{7-17}$$

$$t_2 = \min\{|\theta_2(t) - \bar{\theta}_2(t)|\} \tag{7-18}$$

$$t_3 = \min\{|\theta_3(t) - \bar{\theta}_3(t)|\} \tag{7-19}$$

$$t_4 = \min\{|\theta_4(t) - \bar{\theta}_4(t)|\} \tag{7-20}$$

式中：ε 为一个小正数，是判别阈值。

这就是在仿真系统中判别目标被探测到的条件。实际系统中，目标被探测到的条件还有多个，如传感器的灵敏度、目标的红外辐射强度等。实际上，还可用**偏差值过零点**时数值符号改变的特征来确定目标被探测到的状态。

9. 目标定位计算

目标定位计算基本公式为

$$z = \frac{Y}{\cos\alpha(\tan\alpha + \tan\beta)} \tag{7-21}$$

当已知相邻两基站至目标的射线角 α 和 β 时，用式（7-21）可计算出射线角 α 下的基站至目标的距离 z。

但是，由于相邻两基站至目标的射线角 α 和 β 并非同一时刻，所以距离 z 的计算有误差，则误差为

$$\Delta z = \frac{\Delta v \sin(\varphi)}{\sin(\phi)} \tag{7-22}$$

式中：ϕ 和 φ 将根据先后探测顺序和射线交叉角是否为锐角有所变化。

最后修正后的距离由式（7-23）计算：

$$z* = z \pm \Delta z \tag{7-23}$$

式中：$\pm$ 号的选用和先后探测顺序及目标运动方向有关。

根据探测角 $\bar\theta$ 与射线角 α 和 β 的关系，有

$$\begin{cases} \alpha_1 = \bar\theta_1 \\ \beta_1 = 360° - \bar\theta_2 \end{cases} \tag{7-24}$$

$$\begin{cases} \alpha_2 = \bar\theta_2 - 270° \\ \beta_2 = 270° - \bar\theta_3 \end{cases} \tag{7-25}$$

$$\begin{cases} \alpha_3 = \bar\theta_3 - 180° \\ \beta_3 = 180° - \bar\theta_4 \end{cases} \tag{7-26}$$

$$\begin{cases} \alpha_4 = \bar\theta_4 - 90° \\ \beta_1 = 90° - \bar\theta_1 \end{cases} \tag{7-27}$$

各 PIR 基站对应的探测角射线交叉定位计算公式如下：

$$z_1 = \frac{L}{\cos\alpha_1(\tan\alpha_1 + \tan\beta_1)} \tag{7-28}$$

$$z_2 = \frac{L}{\cos\alpha_2(\tan\alpha_2 + \tan\beta_2)} \tag{7-29}$$

$$z_3 = \frac{L}{\cos\alpha_3(\tan\alpha_3 + \tan\beta_3)} \tag{7-30}$$

$$z_4 = \frac{L}{\cos\alpha_4(\tan\alpha_4 + \tan\beta_4)} \tag{7-31}$$

将各基站的定位数据换算至以**西南基站**为原点的数据公式如下：

$$\begin{cases} \bar z_1 = z_1 \\ \bar\alpha_1 = \alpha_1 \end{cases} \tag{7-32}$$

$$\begin{cases} \bar{z}_2 = \dfrac{z_2\cos(90°-\alpha_2)}{\cos\bar{\alpha}_2} \\[3mm] \bar{\alpha}_2 = \tan^{-1}\dfrac{L-z_2\sin(90°-\alpha_2)}{z_2\cos(90°-\alpha_2)} \end{cases} \quad (7\text{-}33)$$

$$\begin{cases} \bar{z}_3 = \dfrac{L-z_3\cos\alpha_3}{\cos\bar{\alpha}_3} \\[3mm] \bar{\alpha}_3 = \tan^{-1}\dfrac{L-z_3\sin\alpha_3}{L-z_3\cos\alpha_3} \end{cases} \quad (7\text{-}34)$$

$$\begin{cases} \bar{z}_4 = \dfrac{z_4\cos\alpha_4}{\sin\bar{\alpha}_4} \\[3mm] \bar{\alpha}_4 = \tan^{-1}\dfrac{z_4\cos\alpha_4}{L-z_4\sin\alpha_4} \end{cases} \quad (7\text{-}35)$$

以上公式应用的条件是相邻基站都探测到了目标。若有一个基站未探测到目标，或者两个基站都未探测到目标，则

$$\begin{cases} \bar{z}_i = 0 \\ \bar{\alpha}_i = 0 \end{cases} \quad (7\text{-}36)$$

半帧网格单元数据综合公式为

$$\begin{cases} \hat{\alpha} = \dfrac{\bar{\alpha}_1+\bar{\alpha}_2+\bar{\alpha}_3+\bar{\alpha}_4}{\bar{n}} \\[3mm] \hat{z} = \dfrac{\bar{z}_1+\bar{z}_2+\bar{z}_3+\bar{z}_4}{\bar{n}} \\[3mm] \hat{t} = \dfrac{t_1+t_2+t_3+t_4}{\bar{n}} \end{cases} \quad (7\text{-}37)$$

式中：$\bar{n}$ 为探测到目标相邻基站数，如4方相邻基站都探测到目标，则 $\bar{n}=4$。

10. 入侵目标运动轨迹预测

假设：扫描帧时间 $T=18\text{s}$；上半帧时间 $T_1=9\text{s}$；下半帧时间 $T_2=9\text{s}$。

若目标出现，则相对每个网格单元可提供每帧2点目标方位数据组：$\{\theta\ z\ t\}_{mjk}$，$\{\theta\ z\ t\}_{(m+1)jk}$。据此可建立单帧目标轨迹方程为

$$\begin{cases} \theta(t) = \theta_m + \dfrac{\theta_{m+1}-\theta_m}{t_{m+1}-t_m}(t-t_m) \\[3mm] z(t) = z_m + \dfrac{z_{m+1}-z_m}{t_{m+1}-t_m}(t-t_m) \end{cases} \quad (7\text{-}38)$$

或

$$\begin{cases} y(t) = y_m + \dfrac{y_{m+1}-y_m}{t_{m+1}-t_m}(t-t_m) \\[3mm] x(t) = x_m + \dfrac{x_{m+1}-x_m}{t_{m+1}-t_m}(t-t_m) \end{cases} \quad (7\text{-}39)$$

169

利用该目标轨迹方程可预测将来 t 时刻的目标方位，预测方程为

$$\begin{cases} \hat{y}(t) = y_m + \dfrac{y_{m+1} - y_m}{t_{m+1} - t_m}(t - t_m) \\[2mm] \hat{x}(t) = x_m + \dfrac{x_{m+1} - x_m}{t_{m+1} - t_m}(t - t_m) \end{cases} \tag{7-40}$$

预测时刻 $t > t_{m+1}$。预测误差随预测时段的长度 $\Delta = t - t_{m+1}$ 而增加。

7.1.2 基于动态 PIR 正方形网眼探测网域的目标定位仿真软件设计

1. 软件设计思路

基于动态 PIR 正方形网眼探测网域的目标定位仿真软件用 MATLAB 设计，等仿真验证方法正确后再移植至嵌入式计算机中。所以图 7-1 所示流程仅为仿真验证阶段考虑。

基于动态 PIR 正方形网眼探测网域的目标定位仿真软件功能设定。

(1) 接收来自 PIR 探测器的探测数据采集系统的探测角数据；

(2) 进行目标定位计算和修正；

(3) 进行目标定区判别和状态分析；

(4) 仿真 PIR 探测器的探测和定位过程；

(5) 显示目标定位数据；

(6) 显示目标定区判别和运动状态分析数据。

根据以上功能设定，基于动态 PIR 正方形网眼探测网域的目标定位仿真软件流程框图如图 7-3 所示。

2. 目标运动与探测过程仿真及探测编码生成模块

实际上，该模块由目标运动过程仿真、探测过程仿真、发现点搜索和探测编码生成四部分组成。

目标运动过程仿真和探测过程仿真，主要依据设计报告中给出的探测角方程和被探测角方程随时间计算。

发现点的搜索与实际过程的发现程序不同。实际中将依据帧差处理后的阈值判别，而这里是找探测角曲线和被探测曲线的交点。由于所产生的交点可能多于一个，所以判别程序比较复杂。

探测编码生成部分需考虑的问题也较多。需要区分上半帧和下半帧、前 45° 和后 45° 半程，区分 4 侧相邻基站，区分是否发现。4 个数位分别处理再拼在一起。

3. 定位及修正计算模块

软件编制主要根据设计报告中给出的相邻 PIR 基站探测角射线交叉定位计算公式和定位误差计算公式及修正公式。实际程序调试问题多处在角度值的换算和

处理上，这是因为两基站谁先探测到不同时和探测角射线交叉角是否大于90°不同时，都有角度的变化，不仔细处理将出现计算错误。

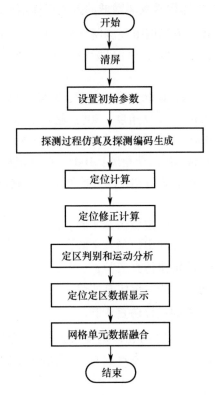

图7-3　基于动态 PIR 正方形网眼探测网域的目标定位仿真软件流程

4. 网格单元数据融合模块

软件编制主要根据4侧相邻 PIR 基站的上半帧和下半帧探测角射线交叉定位结果融合成全帧结果。

如前所述，现在给出的基于动态 PIR 正方形网眼探测网域的目标定位仿真软件设计，是处在一个正方形网眼的4个 PIR 基站探测层次。更高的层次是多网眼多 PIR 基站系统架构。并且更高层次的系统架构下，将增加目标轨迹预测、目标运动方向和速度辨识和网格单元层信息融合。

基于双 PIR 相邻基站探测角射线交叉目标定位方案是多 PIR 传感器探测目标定位软件最基本和最核心的一部分。

5. 基于动态 PIR 正方形网眼探测网域的目标定位仿真软件编制

根据以上的软件编制要点所编制的基于动态 PIR 正方形网眼探测网域的目标定位仿真软件如附录所示。

7.1.3 基于动态 PIR 四方形网眼探测网域的入侵目标定位仿真实验

1. 基于动态 PIR 四方形网眼探测网域的入侵目标定位仿真实验方案

为验证基于动态 PIR 四方形网眼探测网域的入侵目标定位方法和应用技术的正确性，特别设计 4 个典型入侵方向的目标侵入路线。假设目标通过某网格单元起始状态分为以下 4 种。

(1) 运动速度：1.2m/s；运动角度：240°；起始坐标：{15m,20m}；

(2) 运动速度：1.0m/s；运动角度：50°；起始坐标：{1m,0}；

(3) 运动速度：1.0m/s；运动角度：10°；起始坐标：{0,10m}；

(4) 运动速度：1.15m/s；运动角度：100°；起始坐标：{16m,0}。

因此，所设计的 4 个基于动态 PIR 四方形网眼探测网域的入侵目标定位仿真实验方案包括以下 4 个实验。

(1) 目标从东北方向入侵的定位仿真实验；

(2) 目标从西南方向入侵的定位仿真实验；

(3) 目标从西方入侵的定位仿真实验；

(4) 目标从东南方向入侵的定位仿真实验。

2. 目标从东北方向入侵的定位仿真实验

设目标起始坐标为 (15m,20m)，以速度 1.2 m/s、角度 240°侵入网格单元。在上半帧扫描探测时，西北基站未发现目标，西南基站在 3.6s 处发现目标，如图 7-4 所示；东北基站在 5.5s 处发现目标，东南基站在 5.8s 处发现目标，如图 7-5 所示。在下半帧扫描探测时，西北基站在 13.3s 处发现目标，西南基站在 12s 处发现目标，如图 7-6 所示；东北基站在 13.8s 处发现目标，东南基站在 17.3s 处发现目标，如图 7-7 所示。图 7-4～图 7-7 中，实线和点画线为相邻两基站的探测角响应；点线和虚线为相邻两基站对应的目标被探角响应；图中的 fa1、

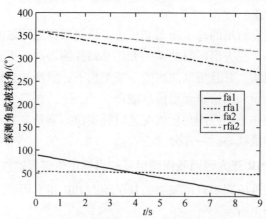

图 7-4　西侧相邻基站探测角与被探角上半帧响应曲线

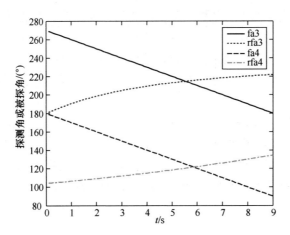

图 7-5　东侧相邻基站探测角与被探角上半帧响应曲线

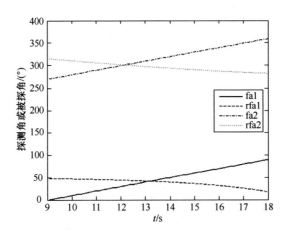

图 7-6　西侧相邻基站探测角与被探角下半帧响应曲线

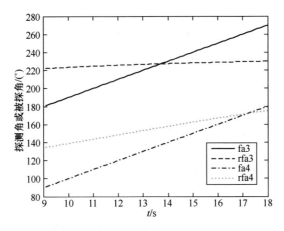

图 7-7　东侧相邻基站探测角与被探角下半帧响应曲线

fa2、fa3、fa4 分别是西南基站探测角、西北基站探测角、东北基站探测角、东南基站探测角；图中的 rfa1、rfa2、rfa3、rfa4 分别是西南基站被探角、西北基站被探角、东北基站被探角、东南基站被探角；后续类似的图（图 7-12 ~ 图 7-15, 图 7-20 ~ 图 7-23,图 7-28 ~ 图 7-31）中的标记意义类同，具体可参见书末附录一中的附表 1。

在上半帧，只有东侧和南侧相邻基站有交叉探测结果，见图 7-8 中细实线，综合定位结果见图 7-8 中粗实线。虚线是目标运动轨迹。在下半帧，4 侧相邻基站都有交叉探测结果，见图 7-9 中细实线，综合定位结果见图 7-9 中粗实线。全帧相邻基站交叉探测结果见图 7-10，虚线是目标运动轨迹，实线是交叉定位的目标运动轨迹。

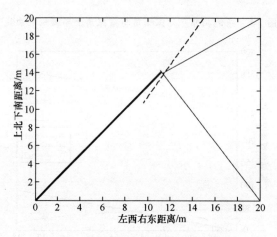

图 7-8　上半帧相邻基站交叉探测结果

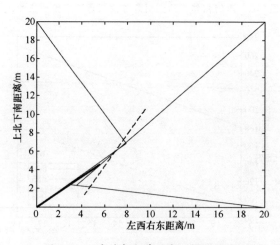

图 7-9　下半帧相邻基站交叉探测结果

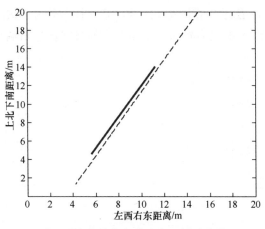

图 7-10　全帧相邻基站交叉探测结果

全帧相邻基站交叉探测及区域定位结果见图 7-11。其中 4 侧区域都有两行文字表达区域定位结果。例如，北侧区中的"N：0＞0"表示北侧相邻基站区域定位上半帧分析结果为前 45°扫描无目标发现，后 45°扫描无目标发现；而"N：S＞S"表示下半帧分析结果为前 45°扫描目标在南区，后 45°扫描目标也在南区。综合 4 侧区域定位结果是：上半帧有 2 侧相邻基站区域定位在北侧区；下半帧 4 侧相邻基站的区域定位都在南侧区；这些定位结果与实际情况完全相符。

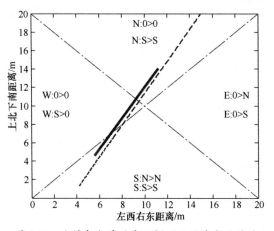

图 7-11　全帧相邻基站交叉探测及区域定位结果

3. 目标从西南方向入侵的定位仿真实验

设目标起始坐标为（1m,0），以速度 1m/s、角度 50°侵入网格单元。在上半帧扫描探测时，西北基站 4.7s 处发现目标，西南基站在 6.8s 处发现目标，如图 7-12 所示；东北基站在 4.5s 处发现目标，东南基站未发现目标，如图 7-13 所示。在下半帧扫描探测时，西北基站在 13.6s 处发现目标，西南基站在 13.3s 处发现目标，如图 7-14 所示；东北基站在 13.3s 处发现目标，东南基站在 13.6s 处发现目标，如图 7-15 所示。在图 7-12～图 7-15 中，实线和点画线为相邻两基站的探测角响应；点线和虚线为相邻两基站对应的目标被探角响应。

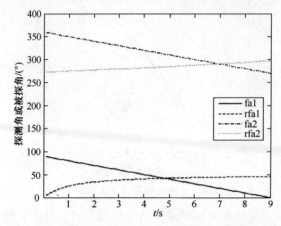

图 7-12　西侧相邻基站探测角与被探角上半帧响应曲线

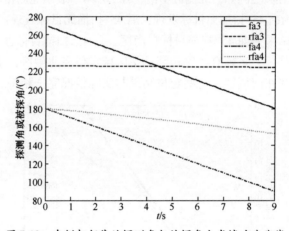

图 7-13　东侧相邻基站探测角与被探角上半帧响应曲线

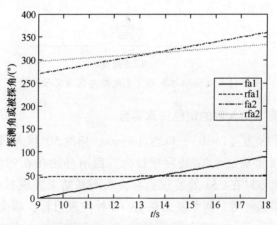

图 7-14　西侧相邻基站探测角与被探角下半帧响应曲线

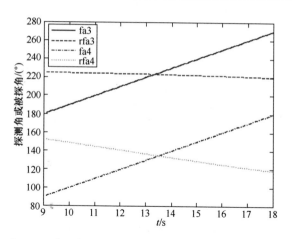

图 7-15　东侧相邻基站探测角与被探角下半帧响应曲线

在上半帧，只有东侧和南侧相邻基站有交叉探测结果，见图 7-16 中细实线，综合定位结果见图 7-16 中粗实线。虚线是目标运动轨迹。在下半帧 4 侧相邻基站都有交叉探测结果，见图 7-17 中细实线，综合定位结果见图 7-17 中粗实线。全帧相邻基站交叉探测结果见图 7-18。虚线是目标运动轨迹，实线是交叉定位的目标运动轨迹。

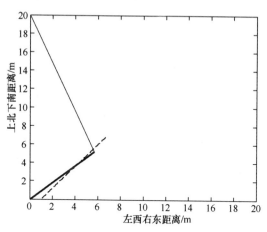

图 7-16　上半帧相邻基站交叉探测结果

全帧相邻基站交叉探测及区域定位结果如图 7-19 所示，其中 4 侧区域都有两行文字表达区域定位结果。例如，北侧区中的 "E：0＞0" 表示北侧相邻基站区域定位上半帧分析结果为前 45°扫描无目标发现，后 45°扫描无目标发现；而 "E：N＞0" 表示下半帧分析结果为前 45°扫描目标在北区，后 45°无目标发现。综合 4 侧区域定位结果是：上半帧有 2 侧相邻基站区域定位在南侧区；下半帧 2 侧相邻基站的区域定位在西侧区，2 侧相邻基站的区域定位都在西北侧区，事实上，下半帧定位点恰在北侧和南侧区的交界处。

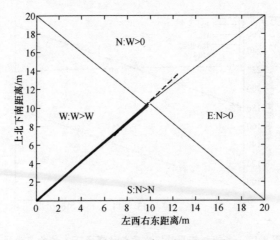

图 7-17　下半帧相邻基站交叉探测结果

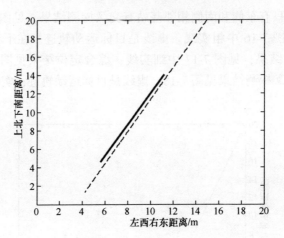

图 7-18　全帧相邻基站交叉探测结果

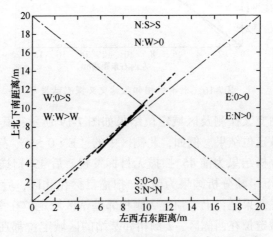

图 7-19　全帧相邻基站交叉探测及区域定位结果

4. 目标从西方入侵的定位仿真实验

设目标起始坐标为（0,10m），以速度1m/s、角度10°侵入网格单元。在上半帧扫描探测时，西北基站未发现目标，西南基站在5.8s处发现目标，如图7-20所示；东北基站在5.9s处发现目标，东南基站在3.3s处发现目标，如图7-21所示。在下半帧扫描探测时，西北基站在15.3s处发现目标，西南基站在13.4s处发现目标，如图7-22所示；东北基站在14.2s处发现目标，东南基站在12.3s处发现目标，如图7-23所示。在图7-20～图7-23中，实线和点画线为相邻两基站的探测角响应；点线和虚线为相邻两基站对应的目标被探角响应。

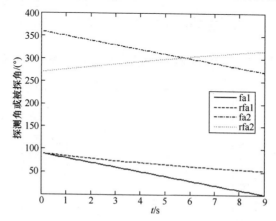

图7-20　西侧相邻基站探测角与被探角上半帧响应曲线

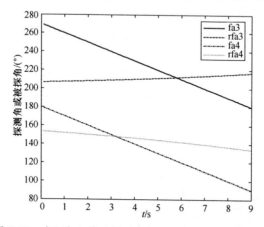

图7-21　东侧相邻基站探测角与被探角上半帧响应曲线

在上半帧，只有东侧和北侧相邻基站有交叉探测结果，见图7-24中细实线，综合定位结果见图7-24中粗实线，虚线是目标运动轨迹。在下半帧4侧相邻基站都有交叉探测结果，见图7-25中细实线，综合定位结果见图7-25中粗实线。全帧相邻基站交叉探测结果见图7-26，虚线是目标运动轨迹，实线是交叉定位的目标运动轨迹。

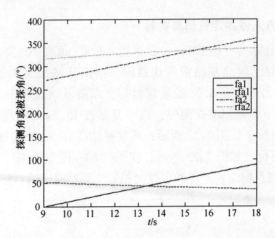

图 7-22　西侧相邻基站探测角与被探角下半帧响应曲线

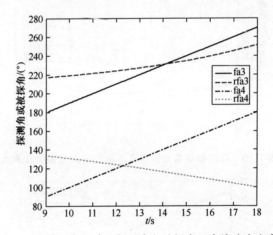

图 7-23　东侧相邻基站探测角与被探角下半帧响应曲线

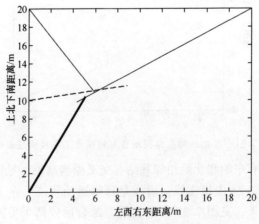

图 7-24　上半帧相邻基站交叉探测结果

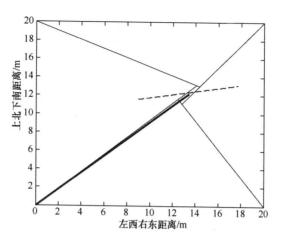

图 7-25　下半帧相邻基站交叉探测结果

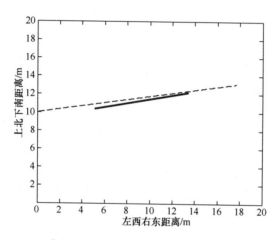

图 7-26　全帧相邻基站交叉探测结果

全帧相邻基站交叉探测及区域定位结果如图 7-27 所示。其中 4 侧区域都有两行文字表达区域定位结果。例如，西侧区中的"W：0 ＞0"表示西侧相邻基站区域定位上半帧分析结果为前 45°扫描无目标发现，后 45°扫描无目标发现；而"W：E＞E"表示下半帧分析结果为前 45°扫描目标在东区，后 45°扫描目标发现在东区。综合 4 侧区域定位结果是：上半帧有 2 侧相邻基站区域定位在西侧区；下半帧 4 侧相邻基站的区域都定位在东侧区；定位结果与实际相符。

5. 目标从东南方向入侵的定位仿真实验

设目标起始坐标为（18m，0），以速度 1.15 m/s、角度 110°侵入网格单元。在上半帧扫描探测时，西北基站在 4.2s 处发现目标，西南基站在 6.4s 处发现目标，如图 7-28 所示；东北基站在 0.7s 处发现目标，东南基站在 5.5s 处发现目标，如图 7-29 所示。在下半帧扫描探测时，西北基站在 17s 处发现目标，西南基

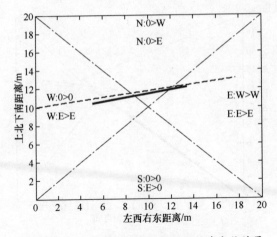

图 7-27 全帧相邻基站交叉探测及区域定位结果

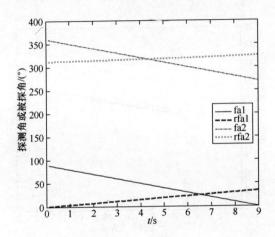

图 7-28 西侧相邻基站探测角与被探角上半帧响应曲线

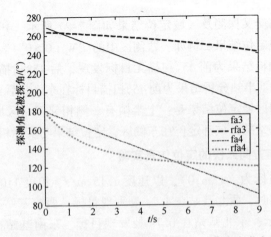

图 7-29 东侧相邻基站探测角与被探角上半帧响应曲线

站在 14s 处发现目标，如图 7-30 所示；东北基站在 13s 处发现目标，东南基站在 11.7s 处发现目标，如图 7-31 所示。在图 7-28 ~ 图 7-31 中，实线和点画线为相邻两基站的探测角响应；点线和虚线为相邻两基站对应的目标被探角响应。

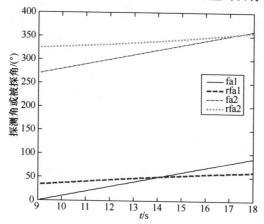

图 7-30 西侧相邻基站探测角与被探角下半帧响应曲线

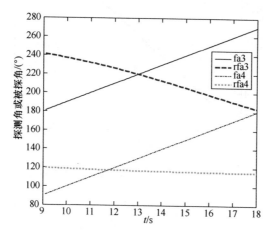

图 7-31 东侧相邻基站探测角与被探角下半帧响应曲线

在上半帧，只有 4 侧相邻基站都有交叉探测结果，见图 7-32 中细实线，综合定位结果见图 7-32 中粗实线。虚线是目标运动轨迹。在下半帧 4 侧相邻基站都有交叉探测结果，见图 7-33 中细实线，综合定位结果见图 7-33 中粗实线。全帧相邻基站交叉探测结果见图 7-34，虚线是目标运动轨迹，实线是交叉定位的目标运动轨迹。

全帧相邻基站交叉探测及区域定位结果如图 7-34 所示。综合 4 侧区域定位结果是：上半帧有 4 侧相邻基站区域定位在东侧区；下半帧 4 侧相邻基站的区域都定位在北侧区；定位结果与实际相符。

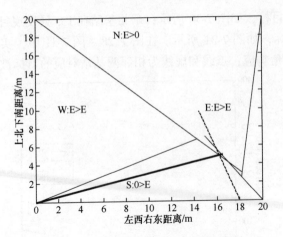

图 7-32 上半帧相邻基站交叉探测结果

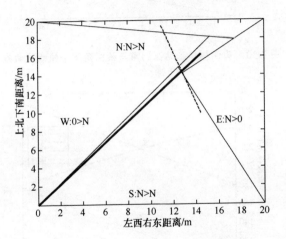

图 7-33 下半帧相邻基站交叉探测结果

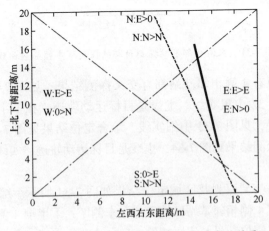

图 7-34 全帧相邻基站交叉探测及区域定位结果

6. 基于动态 PIR 四方形网眼探测网域的入侵目标定位仿真实验小结

根据上述 4 项实验结果可得到以下的结论。

（1）相邻基站探测角射线交叉定位方案和算法是相对准确的和可用的；

（2）网格单元四分程四分区目标定位法是准确的和有效的；

（3）基于动态 PIR 四方形网眼探测网域的入侵目标定位软件设计经仿真试验测试是正确的和有效的。

7.2 基于动静组合 PIR 探测网域的入侵目标定位实验

为了验证基于动静组合 PIR 探测网域的入侵目标定位方法的正确性，作者团队分别进行了多项实验室实验和现场实验。在实验室实验和现场实验时，都以人体目标作为动态目标进行实验。志愿者以 $1.0 \sim 1.5 \mathrm{m/s}$ 的速度匀速穿过感知单元覆盖区域。采集 PIR 探测器的数据主要是动态 PIR 探测器的方位角数据，也包括静态 PIR 探测器的方位角数据。因此，根据采集到的 PIR 探测原始数据，采用第 4 章方位探测角射线交叉定位法进行目标的方位定位和运动轨迹预推，或者采用第 4 章目标方位方程联立求解定位法进行目标的方位定位和运动轨迹预推。

7.2.1 基于方位探测角射线交叉定位法的四边形网眼 PIR 探测网域感知实验

1. 室内实验选择

室内空间封闭的实验室，气流运动缓慢，环境温度基本趋于恒定，干扰因素小。实验场景如图 7-35 所示。探测基站按四边形网眼布局，网络节点间距 7.2m，设计沿会议桌向前或向后行进的两条路径作为人体目标运动路径，记为路径 1 和路径 2。行进路径距感知节点 S_3 和 S_4 的垂直距离为 1.5m。PIR 探测感知基站布

图 7-35 PIR 探测感知基站布局的实验现场场景（见彩图）

局和行径路线如图 7-36 所示。经过多次重复实验，得到的 PIR 探测数据如表 7-1 所列。基于方位探测角射线交叉定位法的目标定位分析结果如图 7-37 所示。

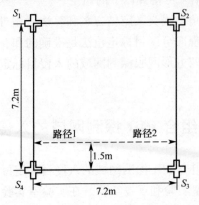

图 7-36　PIR 探测感知基站布局和行径路线

表 7-1　实验数据

路径	记录数	方位角/(°)	时间/s	节点横坐标/m	节点纵坐标/m	记录数	方位角/(°)	时间/s	节点横坐标/m	节点纵坐标/m
路径 1	1	219	129.9	7.2	7.2	2	105	142.5	7.2	0
		60	132	0	0		14	142.6	0	0
		156	132.6	7.2	0		292	146.2	0	7.2
		270	144	7.2	7.2		221	148.1	7.2	7.2
路径 2	1	165	187.5	7.2	7.2	2	166	97.6	7.2	0
		86	188.6	0	0		87	98.7	0	0
		243	191.7	7.2	7.2		241	101.9	7.2	7.2
		313	193.7	0	7.2		132	103.8	7.2	0

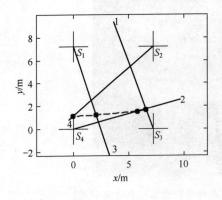
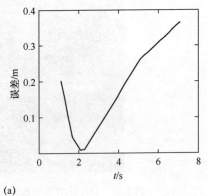

(a)

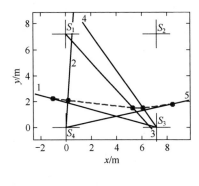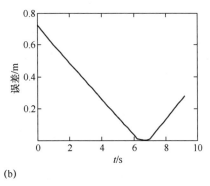

(b)

图 7-37 室内实验的目标轨迹定位及误差

（a）路径 1 的目标轨迹定位及误差；（b）路径 2 的目标轨迹定位及误差。

感知节点 S_1、S_2、S_3、S_4 的探测角计算如下：

$$\bar{\theta}_1(t) = \begin{cases} 90 - K(t - t_0) & (0 \leqslant t - t_0 < 9) \\ K(t - t_0 - 9) & (9 \leqslant t - t_0 < 18) \end{cases} \tag{7-41}$$

$$\bar{\theta}_2(t) = \begin{cases} 180 - K(t - t_0) & (0 \leqslant t - t_0 < 9) \\ 90 + K(t - t_0 - 9) & (9 \leqslant t - t_0 < 18) \end{cases} \tag{7-42}$$

$$\bar{\theta}_3(t) = \begin{cases} 270 - K(t - t_0) & (0 \leqslant t - t_0 < 9) \\ 180 + K(t - t_0 - 9) & (9 \leqslant t - t_0 < 18) \end{cases} \tag{7-43}$$

$$\bar{\theta}_4(t) = \begin{cases} 360 - K(t - t_0) & (0 \leqslant t - t_0 < 9) \\ 270 + K(t - t_0 - 9) & (9 \leqslant t - t_0 < 18) \end{cases} \tag{7-44}$$

式中：K 为各基站的转角变化率，本实验为 $10(°)/s$。

从目标轨迹定位及误差结果可以看出，四边形网眼 PIR 探测网域对目标轨迹的定位结果与目标的真实行走路径相差不大，验证了基于方位探测角射线交叉定位法的 PIR 探测网域的入侵目标定位方法是可行的。

2. 室外实验

采用正四边形网眼布设感知节点的 PIR 探测网域探测室外实验中，设计两条目标入侵运动路径：① 目标从靠近感知节点 3 一侧匀速垂直穿过感知区域；② 目标从感知节点 3 和节点 4 边界中间一段向网眼内部行进。PIR 探测网域的正四边形布局和路径设计如图 7-38 所示，正四边形的边长为 15m。图 7-39 是正四边形网眼布设的 PIR 探测网域探测的室外实验现场。

1）轨迹 1 实验

目标以速度 $1.0 \sim 1.5 \text{m/s}$ 直线入侵感知区域。动态 PIR 探测器的扫描周期是 18s，分为上半周期和下半周期，输出的值是角度和时间，采集到的原始数据汇总在表 7-2 中。

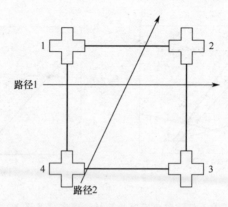

图 7-38   PIR 探测网域的正四边形布局和路径设计

图 7-39   正四边形网眼 PIR 探测网域探测实验现场（见彩图）

表 7-2   路径 1 实验的发现目标时刻与角度数据表

感知平台编号	上 半 周 期		下 半 周 期	
	时间/s	角度/(°)	时间/s	角度/(°)
1	6.4	36	—	—
2	5.5	125	11.7	117
3	—	—	—	—
4	—	—	17	350

注：—表示未发现。

从数据分析图图 7-40 可以看出，4 个感知节点有 4 个探测结果；感知节点 2 发现目标 2 次。图 7-40 中，细实线是方位角探测线；粗虚线是感知节点用方位探测角射线交叉定位法定位后的目标运动轨迹；细虚线是目标运动的预推轨迹。

2）路径 2 实验

目标以速度 1.0~1.5m/s 直线入侵感知区域。采集到的原始数据汇总在表 7-3 中。

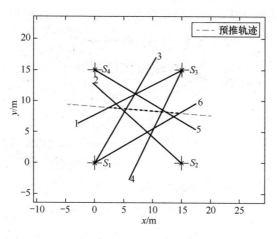

图 7-40 路径 1 探测结果

表 7-3 路径 2 实验的发现目标时刻与角度数据表

感知平台编号	上 半 周 期		下 半 周 期	
	时间/s	角度/(°)	时间/s	角度/(°)
1	—	—	—	—
2	3.3	147	12.3	123
3	—	—	—	—
4	5.8	302	13.4	326

注：—表示未发现。

从数据分析图图 7-41 可以看出，4 个感知节点平有 4 个探测结果；感知节点 2 和感知节点 4 都发现目标 2 次。图 7-41 中，细实线是方位角探测线；粗虚线是感知节点用方位探测角射线交叉定位法定位后的目标运动轨迹；细虚线是目标运动的预推轨迹。

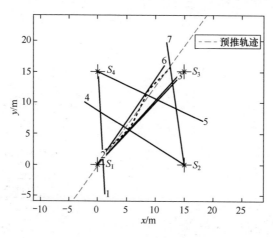

图 7-41 路径 2 交叉探测结果

实验分析与总结：从实验结果可以看出，基于方位探测角射线交叉定位法的 PIR 探测网域的入侵目标定位方法是可行的。

7.2.2 基于方位方程联立求解定位法的三角形网眼 PIR 探测网域感知实验

为了验证基于方位方程联立求解定位法的动静探测器组合网域探测定位的有效性，进行了室外目标探测实验。采取等边三角形布设 PIR 探测器，各节点边长 15m，采用两种人体目标入侵轨迹。图 7-42 为三角形网眼及目标入侵轨迹示意图，图 7-43 为现场实验场景，路径 1 实验采集数据如表 7-4 所列，路径 2 实验采集数据如表 7-5 所列，实验结果如图 7-44 所示。

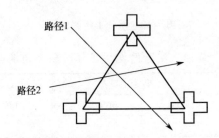

图 7-42　三角形网眼及目标入侵轨迹示意图

图 7-43　三角形网眼网域探测现场实验场景（见彩图）

表 7-4　路径 1 实验的发现目标时刻与角度数据表

感知平台编号	上半周期		下半周期	
	时间/s	角度/(°)	时间/s	角度/(°)
1	4.4	44	—	—
2	—	—	7.2	162
3	8	260	—	—

注：—表示未发现。

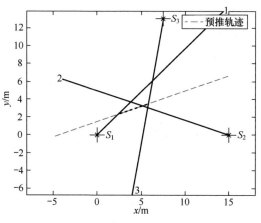

图 7-44 路径 1 实验结果

表 7-5 路径 2 实验的发现目标时刻与角度数据表

感知平台编号	上 半 周 期		下 半 周 期	
	时间/s	角度/(°)	时间/s	角度/(°)
1	3.8	34.2	—	—
2	6.4	147.6	—	—
3	—	—	7.0	243

注：—表示未发现。

1. 路径 1 实验

目标以速度 $1.0 \sim 1.5$ m/s 入侵三角形网眼。采集到原始的数据汇总在表 7-4 中。

从数据分析图 7-44 可以看出，3 个感知节点有 3 个探测到方位角，见图 7-44 中 S_1、S_2、S_3 细实线。图 7-44 中，粗虚线是感知节点定位的目标运动轨迹，细虚线是目标运动的预推轨迹。

从实验结果可以看出，目标穿过感知区域的探测结果虽然没有正四边形网眼感知节点采集到的数据多，但是动、静探测器组合后定位的目标轨迹几乎接近目标实际行走轨迹，验证了基于方位方程联立求解定位法的动静探测器组合网域探测定位的可行性。

2. 路径 2 实验

目标以速度 $1.0 \sim 1.5$ m/s 入侵三角形网眼感知区域。采集到的实验数据汇总在表 7-5 中。

从探测数据分析可以看出，3 个感知节点有 3 个探测到方位角，见图 7-45 中 S_1、S_2、S_3 细实线。图 7-45 中，粗虚线是感知节点探测定位的目标运动轨迹，细虚线是目标运动的预推轨迹。

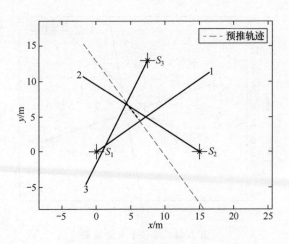

图 7-45　路径 2 实验结果

　　由实验结果可以看出，基于方位方程联立求解定位法的动静组合 PIR 探测器网域的探测和定位是有效的。在目标定位过程中，因为目标方位探测角可能与真实目标方位角有一定偏差，所以确定的目标轨迹是有可能偏离真实的轨迹。但是只要定位误差足够小，那么所定位的目标轨迹还是可用的。

7.2.3　基于方位方程联立求解定位法的 PIR 探测网域感知实验

　　为了验证基于方位方程联立求解定位法而不以网眼为最小感知单元的网域感知技术，进行了室外感知实验。设计感知节点之间距离为 20m，目标人员以速度 1.0~1.5m/s 入侵感知区域。图 7-46 为方程联立求解定位法的 PIR 探测网域感知室外实验的目标路径和节点布局示意图。图 7-47 为网域探测实验实际场景。实验采集数据见表 7-6 和表 7-7。实验结果如图 7-48 和图 7-49 所示。

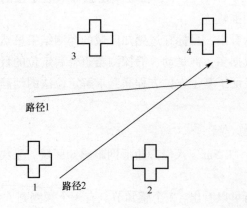

图 7-46　方程联立法的探测网域节点布局和目标路径示意图

图7-47 方程联立法的网域探测实验场景 (见彩图)

表7-6 发现目标时刻与角度汇总表

感知平台编号	上 半 周 期		下 半 周 期	
	时间/s	角度/(°)	时间/s	角度/(°)
1	4.0	40	—	—
2	4.6	136	10.23	90
3	3.5	270	12.6	234
4	—	—	12.42	325

注：—表示未发现。

表7-7 发现目标时刻与角度汇总表

感知平台编号	上 半 周 期		下 半 周 期	
	时间/s	角度/(°)	时间/s	角度/(°)
1	—	—	—	—
2	6.2	152	12.67	90
3	1.3	270	12.78	322.2
4	—	—	13.32	226.8

注：—表示未发现。

1. 路径1实验

目标以速度 1.0~1.5m/s 沿直线垂直入侵感知区域。采集到的原始数据汇总在表7-6。

根据数据分析可以看出，4个动静组合PIR探测节点有6个方位角探测结果，见图7-47中 S_1、S_2、S_3、S_4 细实线。图7-47中，粗虚线是网域感知的目标运动轨迹，细虚线是目标运动的预推轨迹。

2. 路径2实验

目标以速度 1.0~1.5m/s 沿直线斜线入侵感知区域。采集到的原始数据汇总在表7-7中。

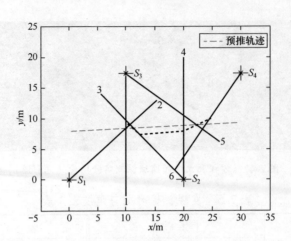

图 7-48　实验结果图

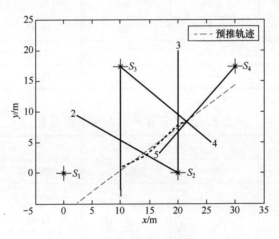

图 7-49　实验结果图

从数据分析可以看出，4 个动静组合 PIR 探测节点有 5 个方位角探测结果，见图 7-48 中 S_1、S_2、S_3、S_4 细实线。图 7-48 中，粗虚线是网域感知的目标运动轨迹，细虚线是目标运动的预推轨迹。

由实验结果可以看出，不以网眼为最小感知单元的网域感知技术能探测的轨迹点较多，目标轨迹定位的精确度较高，所定位的轨迹与实际的目标轨迹更接近。

第 8 章　结论与展望

8.1　结　　论

综上所述，可以用以下 4 节陈述本书的研究结论。

8.1.1　新型动静态 PIR 探测器以及各类探测基站和探测网域的构建

目前，已经出现多种针对入侵目标感知的基于 PIR 传感器的 PIR 探测器。较常见的是 PIR 传感器 + 菲涅尔透镜类型和 PIR 传感器 + 菲涅尔透镜 + 调制罩类型。这些常见类型的 PIR 探测器普遍存在感知距离短和感知精确度低的问题。然而由中北大学研究团队研发的红外透镜型系列 PIR 探测器则展示出感知距离远和感知精确度高的感知性能。这些新型的 PIR 探测器研究成果可归纳如下。

（1）设计并研发了基于 PIR 传感器 + 红外透镜的静态 PIR 探测器。这种新型的 PIR 探测器与国内其他研究团队普遍使用的 PIR 传感器 + 菲涅尔透镜所构成的 PIR 探测器不同之处在于：探测距离远，可达 50 m；探测视角窄，小于 5°。正是由于看得远和看得准的优点，这种新型 PIR 探测器比传统 PIR 探测器具有更高的探测距离和方位分辨率。

（2）设计并研发了基于 PIR 传感器 + 红外透镜 + 动态旋转平台的动态扫描 PIR 探测器。由于 PIR 传感器 + 红外透镜的静态 PIR 探测器的视场很窄，虽然提高了目标探测的方位分辨率，但也使所能监视的视场区域变得很小。若要广角监视就需要布置很多的静态 PIR 探测器，很难做到 360°无盲区监视。基于 PIR 传感器 + 红外透镜 + 动态旋转平台的动态扫描 PIR 探测器的发明破解了这个难题。动态扫描 PIR 探测器可以实现远视距和高方位分辨率下的 360°无盲区探测。

（3）设计并研发了由多个静态 PIR 探测器构成的多种类型的静态 PIR 探测基站（探测网域节点）以及由多个静态 PIR 探测基站（多种类型）构建的探测网域。所研发的多种类型静态 PIR 探测基站包括：用 8 个静态 PIR 探测器构成的米字形节点静态 PIR 探测基站、用 4 个静态 PIR 探测器构成的十字形节点静态 PIR 探测基站、用 6 个静态 PIR 探测器构成的木字形节点静态 PIR 探测基站，用 3 个静态 PIR 探测站构成的丫字形节点静态 PIR 探测基站。用不同类型的静态 PIR 探测基站，可以分别构成米字形、十字形、木字形或丫字形节点静态 PIR 探测网域。这些网络节点间的连接线就是静态 PIR 探测锥柱的中心线。这些网络节点间的连接带就是静态 PIR 探测网域的探测带。当入侵目标穿过这些探测带时，入侵目标就会被静态 PIR 探测网域系统感知。静态 PIR 探测网域系统的优点是探测响应快、定位准确和可识别目标运动方向；静态 PIR 探测网域系统的缺点是这些网络节点间的连接带围成的网眼区域是探测盲区。

（4）设计并研发了由多个动态 PIR 探测器构成的多种类型的动态 PIR 探测基站（探测网域节点）以及由多个动态 PIR 探测基站（多种类型）构建的探测网域。所研发的多种类型动态 PIR 探测基站包括：用 4 个动态 PIR 探测器构成的方形网眼动态 PIR 探测基站、用 6 个动态 PIR 探测器构成的三角形网眼动态 PIR 探测基站、用 3 个动态 PIR 探测器构成的六边形网眼动态 PIR 探测基站。用不同类型的动态 PIR 探测基站，可以分别构成方形、三角形和六边形网眼动态 PIR 探测网域。这些网域节点间的连接线以及连接线所围成的网眼区域就是动态 PIR 探测网域的探测区。当入侵目标穿过和进入这些探测区时，入侵目标就会被动态 PIR 探测网域系统感知。相比静态 PIR 探测网域系统，动态 PIR 探测网域系统没有探测盲区。动态 PIR 探测网域系统的优点是探测响应快和方位角定位准确。动态 PIR 探测网域系统的缺点是单个动态 PIR 探测器没有距离感知能力，只有靠多个动态 PIR 探测器的方位角感知能力进行协同感知才能确定目标方位。

（5）设计并研发了由多个动态 PIR 探测器和多个静态 PIR 探测器构成的多种类型的动静态组合 PIR 探测基站（探测网域节点）以及由多个动静态组合 PIR 探测基站（多种类型）构建的动静态组合 PIR 探测网域。所研发的多种类型动静态 PIR 探测基站包括：用 4 个静态 PIR 探测器和 4 个动态 PIR 探测器构成的方形网眼动静态组合 PIR 探测基站、用 6 个静态 PIR 探测器和 6 个动态 PIR 探测器构成的三角形网眼动静态组合 PIR 探测基站、用 3 个静态 PIR 探测器和 3 个动态 PIR 探测器构成的六边形网眼动静态组合 PIR 探测基站。用不同类型的动静态组合 PIR 探测基站可以分别构成方形、三角形和六边形网眼的动静态组合 PIR 探测网域。这些网域节点间的连接线以及连接线所围成的网眼区域都是动静态组合 PIR 探测网域的探测区。动静态组合 PIR 探测网域系统综合了静态 PIR 探测网域系统和动态 PIR 探测网域系统的优点，没有探测盲区、探测响应快、定位准确。动静态组合 PIR 探测网域系统的缺点是感知信息较多和感知计算较复杂。

8.1.2 PIR 探测网域的布局优化和性能评价及协同感知理念

针对在战场纵深地区，布撒大量低成本、低功耗的感知平台，进行对战场态势的实时性感知，实现重要区域无人值守自动监控的课题研究背景，提出了一系列有关网域协同感知的新理念。PIR 传感器＋红外透镜的静态 PIR 探测器和 PIR 传感器＋红外透镜＋动态旋转平台的动态扫描 PIR 探测器就是低成本和低功耗的感知器。由多个动态 PIR 探测器和/或多个静态 PIR 探测器构成的 PIR 探测基站就是构建 PIR 感知网域的网络节点的感知平台。由若干 PIR 探测站围成的网眼单元可看成感知网域的最小协同感知单元。每个协同感知单元可实现该网眼区域的目标探测、目标定位和目标轨迹预推的智能感知。由若干个最小协同感知单元可组成一个无中心自组织自恢复智能感知网络，这就是一个战场态势的协同感知网域。如果这个协同感知网域是一次性人工或机器自动布设的，那其就是一个固定区域的协同感知网域。如果这个协同感知网域的每一个感知平台（PIR 探测基站）都是可自主移动的感知机器人（可移动感知平台），那么这个协同感知网域就成为可移动的协同感知网域。

对于单体的 PIR 探测器，不但探测范围有限而且对入侵目标很难准确定位。如果把多个单体的 PIR 探测器构建成功能强大的 PIR 探测基站，再把若干个 PIR 探测基站当作一个构成探测网域的基本感知单元（探测网眼），并按照一定的布网优化原则组成一个协同感知探测网域，那么将可突破单体 PIR 探测器的局限，实现大范围的入侵目标的探测、定位和轨迹预测。

针对一个 PIR 探测网域的布局优化提出了 5 条布局设计的优化原则：① 探测网域的网眼区域内无探测盲区；② 探测网域的网眼区域被重复探测区全覆盖；③ 探测网域的网眼区域涉及的过界探测区域面积最小；④ 探测网域的网眼区域的单位面积探测器需用量最少；⑤探测网域的网眼区域涉及的单位面积网络节点需用量最少。

为了便于分析和比较各种探测网域的性能优劣，提出了 5 条的探测网域性能指标：① 探测网域的网眼区域的探测盲区百分比；② 探测网域的网眼区域重复探测区百分比；③ 探测网域的网眼区域涉的过界探测区百分比；④ 探测网域的网眼区域相关的单位面积探测器用量；⑤ 探测网域的网眼区域相关的单位面积网络节点用量。

显然，5 种探测网域性能指标表征了探测网域的不同性能。探测盲区百分比表征的是探测网域的网眼区域探测盲区的占比，可以说探测盲区百分比是探测网域的范围有效性的体现。重复探测区百分比表征的是探测网域的网眼区域被重复探测的占比，可以说是探测准确性的体现。过界探测区百分比表征探测网域的网眼区域涉及的过界探测区占比，可以说是探测可靠性的体现。单位面积探测器用量和单位面积网络节点用量都表征布设探测网域的网眼区域相关的经济成本特性，可以说是探测网域经济性的体现。

所提出的 4 种静态 PIR 探测网域中，探测盲区百分比都很高，接近 100%；重复探测区百分比都接近 0；探测网网格单元的过界探测区百分比均为 0；单位面积探测器用量最高的是十字节点网域，而最低的是丫字节点网域；单位面积网络节点用量最高的是十字节点网域，而最低的是丫字节点网域。显然，4 种静态 PIR 探测网域相比，在准确性、有效性和可靠性方面基本相同；在布设探测网域的成本特性上，丫字节点网域最好，而米字节点网域最差。

所提出的 3 种动态 PIR 探测网域中，单位面积的探测器用量最高的是方形网眼探测网域，而最低的是六边形网眼探测网域；单位面积的网络节点用量最高的是方形网眼探测网域，而最低的是六边形网眼探测网域；探测盲区百分比都是0；重复探测区百分比最高的是方形网眼探测网域，而最低的是六边形网眼探测网域；探测网域的过界探测区百分比最高的是方形网眼探测网域，而最低的是六边形网眼探测网域。显然，3 种动态 PIR 探测网域相比，在有效性方面基本相同；在准确性方面是方形网眼探测网域最好；可靠性方面和布设探测网域的成本特性上，是六边形网眼探测网域最好。

所提出 3 种 PIR 探测网域中，单位面积的探测器用量最高的是动静组合 PIR 网域；单位面积的网络节点用量最高的是动态 PIR 和动静组合 PIR；探测盲区百分比最高的是静态 PIR，而最低的是动态 PIR 和动静组合 PIR；重复探测区百分比接近 0 的是静态 PIR，而动态 PIR 和动静组合 PIR 的重复探测区百分比在100 ~ 300；过界探测区百分比接近 0 的是静态 PIR，而动态 PIR 和动静组合 PIR 的边界探测区百分比在 47.7 ~ 228.3。显然，3 种 PIR 探测网域相比，在有效性和准确性方面，动态 PIR 和动静组合 PIR 更好；可靠性方面和布设探测网域的成本特性上，静态 PIR 探测网域最好。

8.1.3   基于新型 PIR 探测器的 PIR 探测网域的入侵目标定位方法探索

对于目标方位的感知，任何使用传感器 + 菲涅耳透镜的 PIR 探测器或传感器 + 菲涅耳透镜 + 调制罩的 PIR 探测器构成的 PIR 探测系统，都会感到比较困难。而中北大学的研究团队基于传感器 + 红外透镜的新型 PIR 探测器，提出了多种行之有效的入侵目标定位方法。这些方法包括：① 基于静态 PIR 探测器的热释电信号峰峰值时间差法；② 基于静态 PIR 探测网域的峰峰值时间差法和双节点对瞄法；③ 基于方形网眼的动态 PIR 探测网域的方位探测角射线交叉定位法；④ 基于方形网眼的动态 PIR 探测网域的四分程四分区快速定位法；⑤ 基于任意形网眼的动态 PIR 探测网域的方位角方程联立求解定位法；⑥ 基于任意形网眼的动静态组合 PIR 探测网域的方位角方程联立求解定位法。

基于动态 PIR 探测器的入侵目标定位方法可归结为 3 种：基于目标方位角射线交叉定位法、基于目标发现的四分程四分区快速定位法和基于目标方位角的方位方程联立求解定位法。其中，基于目标方位角射线交叉定位法和基于目标方位角的方位方程联立求解定位法是一类，而基于目标发现的四分程四分区快速定位法是另一类。方位角射线交叉定位法和方位方程联立求解定位法都是依据动态 PIR 探测器探测到的方位角数据，它们最后的目标定位结果都是目标的方位，都用方位角和极径来表示。所以这两种方法是可以相互比较的同一类方法。

四分程四分区快速定位法不是依据方位角数据，而是依据目标方位角是否发现结果记录。发现了目标就记录 1，没发现目标就记录 0。而且它的响应周期是1/4 帧，至少比基于方位角数据的方法快一倍。响应快是四分程四分区快速定位法最大的优点。但是定位粗又是四分程四分区快速定位法最大的缺点。用四分程四分区快速定位法只能把目标定位在方形网眼区域的 1/4 区域。另外，四分程四分区快速定位法是基于方形网眼的 PIR 探测网域导出的，而且只能用于方形网眼的 PIR 探测网域，这算是它通用性还不够强的缺点。如果把一个动态扫描周期的 4 个 1/4 帧的目标发现编码串起来分析，则可能得到目标的大致运动方向信息，这就是四分程四分区快速定位法的另一个优点，在给出目标的区域定位后还可给出目标在区域间运动的大致方向。

对于方位角射线交叉定位法和方位方程联立求解定位法，它们的共同点在于可根据探测到的方位角计算出目标的具体方位；它们的不同点主要在于定位响应的快慢和方法适用的范围不同。用方位角射线交叉定位法，每半个动态扫描周期都可以得出一个网眼内的目标定位结果。而用方位方程联立求解定位法甚至不能保证每一个动态扫描周期都有定位结果，因为它的定位计算有 N 次目标发现的前提条件。

所提出的方位角射线交叉定位法是根据 PIR 探测器的方形网眼探测网域推导出来的。因此，这个方位角射线交叉定位法只能适用于方形网眼探测网域。而所提出的方位方程联立求解定位法是一种通用的方法，对于任意形网眼的探测网域都可使用。

所提出的热释电信号峰峰值时间差法，可以实现静态 PIR 单体探测器针对前视目标的较准确的测距，还可解决目标斜切运动时的测距问题。针对静态 PIR 探测网域，所提出的静态 PIR 双探测器对瞄目标下的热释电信号峰峰值时间差综合法，可以实现静态 PIR 探测网域连接线上目标的较准确的测距。

针对动静态组合 PIR 探测网域，所提出的多种基于动态 PIR 探测网域的入侵目标定位方法（方位探测角射线交叉定位法、四分程四分区快速定位法、方位角方程联立求解定位法）和所提出的热释电信号峰峰值时间差法可以同时应用，可组合成静态 PIR 探测网域定位和动态 PIR 探测网域定位的信息共享和融合的新定位方法。

应用动静态组合 PIR 探测网域进行入侵目标的定位是一个复杂的数据融合分析和智能计算问题，因为一个 PIR 探测网域可提供该网域多个网络节点上多个 PIR 探测基站对多个入侵目标的感测数据，可以通过多个专用的智能算法自动分析和计算出入侵目标的定位信息。基于静态 PIR 网域探测所提出的峰峰值时间差测距法和对瞄测距数据融合方法，可以解决入侵目标穿越网络连接线时的目标定位问题。基于动态 PIR 网域探测所提出的探测角射线交叉定位法、四分区四分程快速定位法和探测角方程联立定位法，可以解决入侵目标穿越网络各网眼时的目标定位问题。将静态 PIR 网域探测和动态 PIR 网域探测组合在一起，将可更完善地解决 PIR 网域中每个网眼的网络线上和网眼内部区域的入侵目标探测和定位问题。在入侵目标穿越网络各网眼时的目标探测和定位问题解决以后，可将各网眼

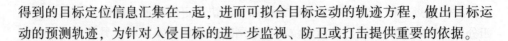

得到的目标定位信息汇集在一起，进而可拟合目标运动的轨迹方程，做出目标运动的预测轨迹，为针对入侵目标的进一步监视、防卫或打击提供重要的依据。

8.1.4 基于新型 PIR 探测器的 PIR 探测网域的入侵目标定位实验研究

PIR 传感器配套菲涅尔透镜构成的 PIR 探测器已被研发成通用工业产品并被广泛应用。但是这种 PIR 探测器大多用为一种人体目标探测的检测开关，并不能满足更高的探测要求，如目标定位。中北大学的研究团队研发了 PIR 传感器配套红外透镜构成的新型 PIR 探测器，已被实验证明可满足探测距离远和方位感知能力强的探测要求。所研发的新型 PIR 探测器采用了锗材料做成的平凸红外透镜，其对红外光的透过率可以达到99%以上。在红外能量通透率上远优于菲涅耳透镜。而且，通过红外透镜的聚焦，可以使这种新型的 PIR 探测器看得更远、更准。实际实验结果表明，用这种新型 PIR 探测器，探测锥度角约为3°，可探测到110m 远的车辆和50m 远的人。此外，经实验证实：这种 PIR 探测器的实际探测锥度，并非按设计锥度射线外延，而是在探视远端达到最大的探测圆截面，这将降低目标方位探测的分辨率，而且实际探测结果是探视远端的实际探测圆截面并没有变大而是变小了，这或许是探测距离越远则探测灵敏度越低的缘故。因此，可以认为传感器＋红外透镜的 PIR 探测器有较高的方位角探测的分辨率。

基于 PIR 探测网域的入侵目标定位的实验研究表明：对于单体的静态 PIR 探测器，其探测能力，不但与目标周边和探测器周边的环境因素有关，还与目标本身的红外特性和目标运动的状态有关。用单体的 PIR 探测器发现目标并且确定目标掠过探测器视场的方向是容易的，但是确定目标的精确方位却较困难。根据 PIR 探测器发现目标的响应信号幅值来测距是不准的，而利用峰峰值时间差测距法是较准确的。但是，用峰峰值时间差法测距也有适用条件，那就是目标掠过探测器视场的方向角不能太大。目标运动角度横切探测器视场时用峰峰值时间差法测距最准。目标运动角度斜切最好不超过60°，否则将产生较大的测距误差。对于单体的动态 PIR 探测器，容易发现目标并且确定目标的方位角，但是确定目标的精确方位却比用静态 PIR 探测器更困难。对于群体的 PIR 探测器，也就是一个 PIR 探测网域，用所提出的探测角射线交叉定位法、四分区四分程快速定位法和方位角方程联立定位法进行入侵目标的发现和定位都被证明是有效的。但是这些方法都有其适用条件，用这些方法具体工程实践时可以发现，实际工程应用时并不容易严格地保障所用方法的适用条件成立。

8.2 展　　望

面对无人值守超市、无人监护医院、无人值守工厂、无人值守农场、无人值守交通和无人值守战场等类似的社会需求，热释电红外传感与智能感知技术相对于常用的视频监控技术具有更多的优势。一是 PIR（热释电红外）传感器具有体积小、重量轻、功耗低、操作安装简便、价格低、性能稳定、非接触传感、隐蔽性好、抗干扰能力强；二是基于 PIR 传感器的智能 PIR 探测器在保持原有优点的同时还增强了智能感知性能；三是基于 PIR 探测器的协同感知 PIR 探测网域可发挥探测器群体的协同作用进行大面积的精准监控；四是所研发的红外透镜型系列新型动静态 PIR 探测器具有感知距离远和感知精确度高的优越性能，可把 PIR 探测器和 PIR 探测网域的感知能力大大提升。

虽然目前提出了基于红外透镜型系列新型动静态 PIR 探测器和网域的入侵目标智能感知的相关理论方法及应用技术，但是离实际工程应用还有相当长的路要走，还需要更多的实践验证和理论完善。现在所能想到的深入研究课题列举如下：

（1）开发俯视模式的新型 PIR 探测器为立体模式新型 PIR 探测器研究做准备；

（2）研究新型 PIR 探测器的信号频谱特征以便探索目标类型智能识别方法；

（3）开发更先进的动态 PIR 探测器（如扫描速度可变或扫描扇区可变）以适应目标探测的更高要求；

（4）建立和完善 PIR 探测网域的性能评价标准以便构建更优越的探测网域；

（5）深入探讨 PIR 探测器群体协同感知理论以推动 PIR 探测网域的智能感知应用技术；

（6）完善基于静态 PIR 探测器的热释电信号峰峰值时间差法的应用技术，特别是目标斜切运动条件下的应用技术；

（7）完善基于方形网眼的动态 PIR 探测网域的方位探测角射线交叉定位法的应用技术，特别是在目标运动速度和方向已知条件下的定位修正技术应用；

（8）完善基于任意形网眼的动态 PIR 探测网域的方位角方程联立求解定位法的应用技术，特别是利用智能优化算法求解的解算技术；

（9）建立任意形网眼的动静态组合 PIR 探测网域探测实验系统以便深入开展入侵目标智能感知的相关理论方法及应用技术实验研究。

附录 基于动态 PIR 方形网眼探测网域的目标定位仿真软件

1. 基于动态 PIR 正方形网眼探测网域的目标定位仿真软件变量命名与定义

基于动态 PIR 四方形网眼探测网域的入侵目标定位软件变量命名与定义见附表 1。

附表 1 基于动态 PIR 四方形网眼探测网域的入侵目标定位软件变量命名与定义表

序	程序代码	符 号	意 义	初 值
1	sita	θ	目标运动方向角	
2	fa1		西南站探测角	
3	fa2		西北站探测角	
4	fa3		东北站探测角	
5	fa4		东南站探测角	
6	rfa1		西南站被探角	
7	rfa2		西北站被探角	
8	rfa3		东北站被探角	
9	rfa4		东南站被探角	
10	x		目标横坐标	
11	y		目标纵坐标	
12	e		探测角与探测角的差	
13	z		交叉定位距离	
14	x0		目标初始横坐标	
15	y0		目标初始纵坐标	
16	xi		交叉定位横坐标	
17	yi		交叉定位纵坐标	
18	pp		区域定位编码	
19	ri	α_i	相邻基站定位角	
20	bi	β_i	相邻基站定位角	
21	v		目标速度	
22	vx		目标横坐标速度	
23	vy		目标纵坐标速度	
24	txt		区域定位编码含义	

2. 基于动态 **PIR** 正方形网眼探测网域的目标定位仿真软件源代码清单

基于动态 PIR 正方形网眼探测网域的目标定位仿真软件源代码清单如下：

```
1    clear;
2    v = 1.15;
3    sita = 110;
4    vx = v * cos(sita* 2* pi/ 360);
5    vy = v * sin(sita* 2* pi/ 360);
6    n = 90;
7    h = 0.1;
8    k1 = 10;
9    k2 = 10;
10   k3 = 10;
11   k4 = 10;
12   Y = 20;
13   x0 = 18;
14   y0 = 0;

15   for i = 1:n;
16   t(i) = i* h;
17   y(i) = y0 + vy* t(i);
18   x(i) = x0 + vx* t(i);
19   fa1(i) = 90- k1* t(i);
20   fa2(i) = 360- k2* t(i);
21   fa3(i) = 270- k3* t(i);
22   fa4(i) = 180- k4* t(i);
23   if(x(i) <20&&x(i)>=0&&y(i) <20&&y(i)>=0)
24   rfa1(i) = 360/ 2/ pi* atan(y(i)/ x(i));
25   rfa2(i) = 270 + 360/ 2/ pi* atan(x(i)/ (Y- y(i)));
26   rfa3(i) = 180 + 360/ 2/ pi* atan((Y- y(i))/ (Y- x(i)));
27   rfa4(i) = 90 + 360/ 2/ pi* atan((Y- x(i))/ y(i));
28   else
29   rfa2(i) = 780;rfa3(i) = 780;
30   rfa1(i) = 780;rfa4(i) = 780;
31   end
32   e1(i) = fa1(i)- rfa1(i);
33   e2(i) = fa2(i)- rfa2(i);
34   e3(i) = fa3(i)- rfa3(i);
35   e4(i) = fa4(i)- rfa4(i);
36   end
37   plot(t,fa1,t,rfa1,t,fa2,t,rfa2);
38   plot(t,fa3,t,rfa3,t,fa4,t,rfa4);
39   n1 = 1;
40   for i = 1:n- 1;
41   if(abs(e1(i) <360))
42   if(e1(i)* e1(i +1) <0)j1(n1) = i; n1 = n1 +1; end
43   end
```

```
44   end
45   n2 = 1;
46   for i = 1:n- 1;
47   if(abs(e2(i) < 360))
48   if(e2(i)* e2(i + 1) < 0)j2(n2)= i; n2 = n2 + 1; end
49   end
50   end
51   n3 = 1;
52   for i = 1:n- 1;
53   if(abs(e3(i) < 360))
54   if(e3(i)* e3(i + 1) < 0)j3(n3)= i; n3 = n3 + 1; end
55   end
56   end
57   n4 = 1;
58   for i = 1:n- 1;
59   if(abs(e4(i) < 360))
60   if(e4(i)* e4(i + 1) < 0)j4(n4)= i; n4 = n4 + 1; end
61   end
62   end
63   p1 = 0; p3 = 0; p2 = 0; p4 = 0;
64   if(n1 > 1&&n2 > 1)
65   if(n1 > 1)if(j1(1)> n/ 2)p3 = 1; else p1 = 1; end
66   end
67   if(n2 > 1)if(j2(1)> n/ 2)p4 = 1; else p2 = 1; end
68   end
69   end
70   pp1 = p1* 1000 + p2* 100 + p3* 10 + p4;
71   switch pp1
72   case 0
73   txt1 ='W:0 > 0';
74   case 1
75   txt1 ='W:0 > W';
76   case 10
77   txt1 ='W:0 > E';
78   case 11
79   txt1 ='W:0 > S';
80   case 100
81   txt1 ='W:E > 0';
82   case 101
83   txt1 ='W:E > W';
84   case 110
85   txt1 ='W:E > E';
86   case 111
87   txt1 ='W:E > S';
88   case 1000
89   txt1 ='W:W > 0';
90   case 1001
```

```
91   txt1 ='W:W > W';
92   case 1010
93   txt1 ='W:W > E';
94   case 1011
95   txt1 ='W:W > S';
96   case 1100
97   txt1 ='W:N > 0';
98   case 1101
99   txt1 ='W:N > W';
100  case 1110
101  txt1 ='W:N > E';
102  case 1111
103  txt1 ='W:N > S';
104  otherwise
105  txt1 ='W:??';
106  end
107  p1 =0; p3 =0; p2 =0; p4 =0;
108  if(n2 >1&&n3 >1)
109  if(n2 >1)   if(j2(1)>n/ 2)p3 =1; else p1 =1; end
110  end
111  if(n3 >1)   if(j3(1)>n/ 2)p4 =1; else p2 =1; end
112  end
113  end
114  pp2 = p1* 1000 + p2* 100 + p3* 10 + p4;
115  switch pp2
116  case 0
117  txt2 ='N:0 > 0';
118  case 1
119  txt2 ='N:0 > N';
120  case 10
121  txt2 ='N:0 > S';
122  case 11
123  txt2 ='N:0 > W';
124  case 100
125  txt2 ='N:S > 0';
126  case 101
127  txt2 ='N:S > N';
128  case 110
129  txt2 ='N:S > S';
130  case 111
131  txt2 ='N:S > W';
132  case 1000
133  txt2 ='N:N > 0';
134  case 1001
135  txt2 ='N:N > N';
136  case 1010
137  txt2 ='N:N > S';
```

```
138  case 1011
139  txt2 ='N:N>W';
140  case 1100
141  txt2 ='N:E>0';
142  case 1101
143  txt2 ='N:E>N';
144  case 1110
145  txt2 ='N:E>S';
146  case 1111
147  txt2 ='N:E>W';
148  otherwise
149  txt2 ='N:??';
150  end
151  p1 =0; p3 =0; p2 =0; p4 =0;
152  if(n3 >1&&n4 >1)
153  if(n3 >1)   if(j3(1)>n/ 2)p3 =1; else p1 =1; end
154  end
155  if(n4 >1)   if(j4(1)>n/ 2)p4 =1; else p2 =1; end
156  end
157  end
158  pp3 =p1* 1000 +p2* 100 +p3* 10 +p4;
159  switch pp3
160  case 0
161  txt3 ='E:0>0';
162  case 1
163  txt3 ='E:0>E';
164  case 10
165  txt3 ='E:0>W';
166  case 11
167  txt3 ='E:0>N';
168  case 100
169  txt3 ='E:W>0';
170  case 101
171  txt3 ='E:W>E';
172  case 110
173  txt3 ='E:W>W';
174  case 111
175  txt3 ='E:W>N';
176  case 1000
177  txt3 ='E:E>0';
178  case 1001
179  txt3 ='E:E>E';
180  case 1010
181  txt3 ='E:E>W';
182  case 1011
183  txt3 ='E:E>N';
184  case 1100
```

```
185   txt3 ='E:S>0';
186   case 1101
187   txt3 ='E:S>E';
188   case 1110
189   txt3 ='E:S>W';
190   case 1111
191   txt3 ='E:S>N';
192   otherwise
193   txt3 ='E:??';
194   end
195   p1=0; p3=0; p2=0; p4=0;
196   if(n4>1&&n1>1)
197   if(n4>1)  if(j4(1)>n/2)p3=1; else p1=1; end
198   end
199   if(n1>1)  if(j1(1)>n/2)p4=1; else p2=1; end
200   end
201   end
202   pp4=p1*1000+p2*100+p3*10+p4;
203   switch pp4
204   case 0
205   txt4 ='S:0>0';
206   case 1
207   txt4 ='S:0>S';
208   case 10
209   txt4 ='S:0>N';
210   case 11
211   txt4 ='S:0>E';
212   case 100
213   txt4 ='S:N>0';
214   case 101
215   txt4 ='S:N>S';
216   case 110
217   txt4 ='S:N>N';
218   case 111
219   txt4 ='S:N>E';
220   case 1000
221   txt4 ='S:S>0';
222   case 1001
223   txt4 ='S:S>S';
224   case 1010
225   txt4 ='S:S>N';
226   case 1011
227   txt4 ='S:S>E';
228   case 1100
229   txt4 ='S:W>0';
230   case 1101
231   txt4 ='S:W>S';
```

```
232   case 1110
233   txt4 ='S:W > N';
234   case 1111
235   txt4 ='S:W > E';
236   otherwise
237   txt4 ='S:??';
238   end
239   pp1
240   pp2
241   pp3
242   pp4
243   if(n1 >1)fa1(j1(1))
244   end
245   if(n2 >1)fa2(j2(1))
246   end
247   if(n3 >1)fa3(j3(1))
248   end
249   if(n4 >1)fa4(j4(1))
250   end
251   if(n1 >1)r1 = fa1(j1(1)); end
252   if(n2 >1)b1 = 360- fa2(j2(1)); end
253   if(n2 >1)r2 = fa2(j2(1))- 270; end
254   if(n3 >1)b2 = 270- fa3(j3(1)); end
255   if(n3 >1)r3 = fa3(j3(1))- 180; end
256   if(n4 >1)b3 = 180- fa4(j4(1)); end
257   if(n4 >1)r4 = fa4(j4(1))- 90; end
258   if(n1 >1)b4 = 90- fa1(j1(1)); end

259   if(n1 >1&&n2 >1)
260   z1 =Y/ (cos(2* pi/ 360* r1)* (tan(2* pi/ 360* r1) + tan(2* pi/ 360*
b1)));
261   x1 = z1* cos(2* pi/ 360* r1);
262   y1 = z1* sin(2* pi/ 360* r1);
263   end
264   if(n2 >1&&n3 >1)
265   z2 =Y/ (cos(2* pi/ 360* r2)* (tan(2* pi/ 360* r2) + tan(2* pi/ 360*
b2)));
266   x2 = z2* sin(2* pi/ 360* r2);
267   y2 = z2* cos(2* pi/ 360* r2);
268   end
269   if(n3 >1&&n4 >1)
270   z3 =Y/ (cos(2* pi/ 360* r3)* (tan(2* pi/ 360* r3) + tan(2* pi/ 360*
b3)));
271   x3 = z3* cos(2* pi/ 360* r3);
272   y3 = z3* sin(2* pi/ 360* r3);
273   end
274   if(n4 >1&&n1 >1)
```

```
275   z4 = Y/ (cos (2* pi/ 360* r4)* (tan (2* pi/ 360* r4) + tan (2* pi/ 360*
b4)));
276   x4 = z4* sin (2* pi/ 360* r4);
277   y4 = z4* cos (2* pi/ 360* r4);
278   end
279   plot (x, y);
280   axis ([0 20 0 20]);
281   hold on;
282   if(n1 >1&&n2 >1) line ([0, x1], [0, y1]); end
283   if(n2 >1&&n3 >1) line ([0, x2], [20, Y- y2]); end
284   if(n3 >1&&n4 >1) line ([20, Y- x3], [20, Y- y3]); end
285   if(n4 >1&&n1 >1) line ([20, Y- x4], [0, y4]); end
286   r11 =0; r22 =0; r33 =0; r44 =0;
287   z11 =0; z22 =0; z33 =0; z44 =0;
288   t1 =0; t2 =0; t3 =0; t4 =0;
289   if(n1 >1&&n2 >1)
290   r11 = r1; z11 = z1;
291   t1 = h* j1 (1);
292   end
293   if(n2 >1&&n3 >1)
294   r22 =360/ 2/ pi* atan ((Y- z2* sin (2* pi/ 360* (90- r2)))/ (z2* cos (2*
pi/ 360* (90- r2))));
295   z22 = z2* cos (2* pi/ 360* (90- r2))/ cos (2* pi/ 360* r22);
296   t2 = h* j2 (1);
297   end
298   if(n3 >1&&n4 >1)
299   r33 =360/ 2/ pi* atan ((Y- z3* sin (2* pi/ 360* r3))/ (Y- z3* cos (2* pi/
360* r3)));
300   z33 = (Y- z3* cos (2* pi/ 360* r3))/ cos (2* pi/ 360* r33);
301   t3 = h* j3 (1);
302   end
303   if(n4 >1&&n1 >1)
304   r44 =360/ 2/ pi* atan (z4* cos (2* pi/ 360* r4)/ (Y- z4* sin (2* pi/ 360*
r4)));
305   z44 = z4* cos (2* pi/ 360* r4)/ sin (2* pi/ 360* r44);
306   t4 = h* j4 (1);
307   end
308   nn =0;
309   if(n1 >1&&n2 >1)nn = nn +1; end
310   if(n2 >1&&n3 >1)nn = nn +1; end
311   if(n3 >1&&n4 >1)nn = nn +1; end
312   if(n4 >1&&n1 >1)nn = nn +1; end
313   zz = (z11 + z22 + z33 + z44)/ nn;
314   rr = (r11 + r22 + r33 + r44)/ nn;
315   tt1 = (t1 + t2 + t3 + t4)/ nn;
316   xx1 = zz* cos (2* pi/ 360* rr);
317   yy1 = zz* sin (2* pi/ 360* rr);
```

```
318   line( [0, xx1], [0, yy1]);

319   text(2, 10, txt1);
320   text(7, 18, txt2);
321   text(15, 10, txt3);
322   text(8, 2, txt4);
323   hold off;

324   for i =1:n;
325   t(i)= (i +n)* h;
326   y(i)= y0 + vy* t(i);
327   x(i)= x0 + vx* t(i);
328   fa1(i)= k1* (t(i)- 9);
329   fa2(i)=270 + k2* (t(i)- 9);
330   fa3(i)=180 + k3* (t(i)- 9);
331   fa4(i)=90 + k4* (t(i)- 9);
332   if(x(i) <20&&x(i)>=0&&y(i) <20&&y(i)>=0)
333   rfa1(i)=360/ 2/ pi* atan(y(i)/ x(i));
334   rfa2(i)=270 +360/ 2/ pi* atan(x(i)/ (Y- y(i)));
335   rfa3(i)=180 +360/ 2/ pi* atan((Y- y(i))/ (Y- x(i)));
336   rfa4(i)=90 +360/ 2/ pi* atan((Y- x(i))/ y(i));
337   else
338   rfa2(i)=780; rfa3(i)=780;
339   rfa1(i)=780; rfa4(i)=780;
340   end
341   e1(i)= fa1(i)- rfa1(i);
342   e2(i)= fa2(i)- rfa2(i);
343   e3(i)= fa3(i)- rfa3(i);
344   e4(i)= fa4(i)- rfa4(i);
345   end
346   plot(t, fa1, t, rfa1, t, fa2, t, rfa2);
347   plot(t, fa3, t, rfa3, t, fa4, t, rfa4);
348   plot(x, y);
349   axis([0 20 0 20]);
350   n1 =1;
351   for i =1:n- 1;
352   if(abs(e1(i) <360))
353   if(e1(i)* e1(i +1) <0)j1(n1)=i; n1 =n1 +1; end
354   end
355   end
356   n2 =1;
357   for i =1:n- 1;
358   if(abs(e2(i) <360))
359   if(e2(i)* e2(i +1) <0)j2(n2)=i; n2 =n2 +1; end
360   end
361   end
362   n3 =1;
```

```
363  for i =1:n- 1;
364  if(abs(e3(i) <360))
365  if(e3(i)* e3(i +1) <0)j3(n3)= i; n3 = n3 +1; end
366  end
367  end
368  n4 =1;
369  for i =1:n- 1;
370  if(abs(e4(i) <360))
371  if(e4(i)* e4(i +1) <0)j4(n4)= i; n4 = n4 +1; end
372  end
373  end
374  p1 =0; p3 =0; p2 =0; p4 =0;
375  if(n1 >1&&n2 >1)
376  if(n1 >1)if(j1(1)>n/ 2)p3 =1; else p1 =1; end
377  end
378  if(n2 >1)   if(j2(1)>n/ 2)p4 =1; else p2 =1; end
379  end
380  end
381  pp11 = p1* 1000 + p2* 100 + p3* 10 + p4;
382  switch pp11
383  case 0
384  txt11 ='W:0 >0';
385  case 1
386  txt11 ='W:0 >E';
387  case 10
388  txt11 ='W:0 >W';
389  case 11
390  txt11 ='W:0 >N';
391  case 100
392  txt11 ='W:W >0';
393  case 101
394  txt11 ='W:W >E';
395  case 110
396  txt11 ='W:W >W';
397  case 111
398  txt11 ='W:W >N';
399  case 1000
400  txt11 ='W:E >0';
401  case 1001
402  txt11 ='W:E >E';
403  case 1010
404  txt11 ='W:E >W';
405  case 1011
406  txt11 ='W:E >N';
407  case 1100
408  txt11 ='W:S >0';
409  case 1101
```

```
410  txt11 ='W:S > E';
411  case 1110
412  txt11 ='W:S > W';
413  case 1111
414  txt11 ='W:S > N';
415  otherwise
416  txt11 ='W:??';
417  end
418  p1 =0; p3 =0; p2 =0; p4 =0;
419  if(n2 >1&&n3 >1)
420  if(n2 >1)   if(j2(1)> n/ 2)p3 =1; else p1 =1; end
421  end
422  if(n3 >1)   if(j3(1)> n/ 2)p4 =1; else p2 =1; end
423  end
424  end
425  pp22 = p1 * 1000 + p2 * 100 + p3 * 10 + p4;
426  switch pp22
427  case 0
428  txt22 ='N:0 > 0';
429  case 1
430  txt22 ='N:0 > S';
431  case 10
432  txt22 ='N:0 > N';
433  case 11
434  txt22 ='N:0 > E';
435  case 100
436  txt22 ='N:N > 0';
437  case 101
438  txt22 ='N:N > S';
439  case 110
440  txt22 ='N:N > N';
441  case 111
442  txt22 ='N:N > E';
443  case 1000
444  txt22 ='N:S > 0';
445  case 1001
446  txt22 ='N:S > S';
447  case 1010
448  txt22 ='N:S > N';
449  case 1011
450  txt22 ='N:S > E';
451  case 1100
452  txt22 ='N:W > 0';
453  case 1101
454  txt22 ='N:W > S';
455  case 1110
456  txt22 ='N:W > N';
```

```
457   case 1111
458   txt22 ='N:W > E';
459   otherwise
460   txt22 ='N:??';
461   end
462   p1 = 0; p3 = 0; p2 = 0; p4 = 0;
463   if(n3 > 1&&n4 > 1)
464   if(n3 > 1)   if(j3(1)> n/ 2)p3 = 1; else p1 = 1; end
465   end
466   if(n4 > 1)   if(j4(1)> n/ 2)p4 = 1; else p2 = 1; end
467   end
468   end
469   pp33 = p1 * 1000 + p2 * 100 + p3 * 10 + p4;
470   switch pp33
471   case 0
472   txt33 ='E:0 > 0';
473   case 1
474   txt33 ='E:0 > W';
475   case 10
476   txt33 ='E:0 > E';
477   case 11
478   txt33 ='E:0 > S';
479   case 100
480   txt33 ='E:E > 0';
481   case 101
482   txt33 ='E:E > W';
483   case 110
484   txt33 ='E:E > E';
485   case 111
486   txt33 ='E:E > S';
487   case 1000
488   txt33 ='E:W > 0';
489   case 1001
490   txt33 ='E:W > W';
491   case 1010
492   txt33 ='E:W > E';
493   case 1011
494   txt33 ='E:W > S';
495   case 1100
496   txt33 ='E:N > 0';
497   case 1101
498   txt33 ='E:N > W';
499   case 1110
500   txt33 ='E:N > E';
501   case 1111
502   txt33 ='E:N > S';
503   otherwise
```

```
504   txt33 ='E:??';
505   end
506   p1 = 0; p3 = 0; p2 = 0; p4 = 0;
507   if(n4 > 1&&n1 > 1)
508   if(n4 > 1)  if(j4(1) > n/2)p3 = 1; else p1 = 1; end
509   end
510   if(n1 > 1)  if(j1(1) > n/2)p4 = 1; else p2 = 1; end
511   end
512   end
513   pp44 = p1 * 1000 + p2 * 100 + p3 * 10 + p4;
514   switch pp44
515   case 0
516   txt44 ='S:0 > 0';
517   case 1
518   txt44 ='S:0 > N';
519   case 10
520   txt44 ='S:0 > S';
521   case 11
522   txt44 ='S:0 > W';
523   case 100
524   txt44 ='S:S > 0';
525   case 101
526   txt44 ='S:S > N';
527   case 110
528   txt44 ='S:S > S';
529   case 111
530   txt44 ='S:S > W';
531   case 1000
532   txt44 ='S:N > 0';
533   case 1001
534   txt44 ='S:N > N';
535   case 1010
536   txt44 ='S:N > S';
537   case 1011
538   txt44 ='S:N > W';
539   case 1100
540   txt44 ='S:E > 0';
541   case 1101
542   txt44 ='S:E > N';
543   case 1110
544   txt44 ='S:E > S';
545   case 1111
546   txt44 ='S:E > W';
547   otherwise
548   txt44 ='S:??';
549   end
550   pp11
```

```
551  pp22
552  pp33
553  pp44

554  if(n1 >1)fa1(j1(1))
555  end
556  if(n2 >1)fa2(j2(1))
557  end
558  if(n3 >1)fa3(j3(1))
559  end
560  if(n4 >1)fa4(j4(1))
561  end
562  if(n1 >1)r1 =fa1(j1(1)); end
563  if(n2 >1)b1 =360- fa2(j2(1)); end
564  if(n2 >1)r2 =fa2(j2(1))-270; end
565  if(n3 >1)b2 =270- fa3(j3(1)); end
566  if(n3 >1)r3 =fa3(j3(1))-180; end
567  if(n4 >1)b3 =180- fa4(j4(1)); end
568  if(n4 >1)r4 =fa4(j4(1))- 90; end
569  if(n1 >1)b4 =90- fa1(j1(1)); end

570  if(n1 >1&&n2 >1)
571  z1 =Y/ (cos(2* pi/ 360* r1)* (tan(2* pi/ 360* r1) +tan(2* pi/ 360*
b1)));
572  x1 =z1* cos(2* pi/ 360* r1);
573  y1 =z1* sin(2* pi/ 360* r1);
574  end
575  if(n2 >1&&n3 >1)
576  z2 =Y/ (cos(2* pi/ 360* r2)* (tan(2* pi/ 360* r2) +tan(2* pi/ 360*
b2)));
577  x2 =z2* sin(2* pi/ 360* r2);
578  y2 =z2* cos(2* pi/ 360* r2);
579  end
580  if(n3 >1&&n4 >1)
581  z3 =Y/ (cos(2* pi/ 360* r3)* (tan(2* pi/ 360* r3) +tan(2* pi/ 360*
b3)));
582  x3 =z3* cos(2* pi/ 360* r3);
583  y3 =z3* sin(2* pi/ 360* r3);
584  end
585  if(n4 >1&&n1 >1)
586  z4 =Y/ (cos(2* pi/ 360* r4)* (tan(2* pi/ 360* r4) +tan(2* pi/ 360*
b4)));
587  x4 =z4* sin(2* pi/ 360* r4);
588  y4 =z4* cos(2* pi/ 360* r4);
589  end
590  plot(x, y);
591  axis([0 20 0 20]);
```

```
592  hold on;
593  if(n1 >1&&n2 >1) line([0, x1], [0, y1]); end
594  if(n2 >1&&n3 >1) line([0, x2], [20, Y- y2]); end
595  if(n3 >1&&n4 >1) line([20, Y- x3], [20, Y- y3]); end
596  if(n4 >1&&n1 >1) line([20, Y- x4], [0, y4]); end
597  r11 =0; r22 =0; r33 =0; r44 =0;
598  z11 =0; z22 =0; z33 =0; z44 =0;
599  t1 =0; t2 =0; t3 =0; t4 =0;
600  if(n1 >1&&n2 >1)
601  r11 = r1; z11 = z1;
602  t1 = h* j1(1);
603  end
604  if(n2 >1&&n3 >1)
605  r22 =360/ 2/ pi* atan((Y- z2* sin(2* pi/ 360* (90- r2)))/ (z2* cos(2*
pi/ 360* (90- r2))));
606  z22 = z2* cos(2* pi/ 360* (90- r2))/ cos(2* pi/ 360* r22);
607  t2 = h* j2(1);
608  end
609  if(n3 >1&&n4 >1)
610  r33 =360/ 2/ pi* atan((Y- z3* sin(2* pi/ 360* r3))/ (Y- z3* cos(2* pi/
360* r3)));
611  z33 = (Y- z3* cos(2* pi/ 360* r3))/ cos(2* pi/ 360* r33);
612  t3 = h* j3(1);
613  end
614  if(n4 >1&&n1 >1)
615  r44 =360/ 2/ pi* atan(z4* cos(2* pi/ 360* r4)/ (Y- z4* sin(2* pi/ 360*
r4)));
616  z44 = z4* cos(2* pi/ 360* r4)/ sin(2* pi/ 360* r44);
617  t4 = h* j4(1);
618  end
619  nn =0;
620  if(n1 >1&&n2 >1)nn = nn +1;end
621  if(n2 >1&&n3 >1)nn = nn +1;end
622  if(n3 >1&&n4 >1)nn = nn +1;end
623  if(n4 >1&&n1 >1)nn = nn +1;end
624  zz = (z11 + z22 + z33 + z44)/ nn;
625  rr = (r11 + r22 + r33 + r44)/ nn;
626  tt2 = (t1 + t2 + t3 + t4)/ nn;
627  xx2 = zz* cos(2* pi/ 360* rr);
628  yy2 = zz* sin(2* pi/ 360* rr);
629  line([0, xx2], [0, yy2]);
630  text(2, 9, txt11);
631  text(7, 17, txt22);
632  text(15, 9, txt33);
633  text(8, 1, txt44);
634  hold off;
635  for i =1:2* n;
```

```
636  t(i)=i* h;
637  y(i)=y0 +vy* t(i);
638  x(i)=x0 +vx* t(i);
639  end
640  plot(x, y);
641  axis( [0 20 0 20]);
642  hold on;
643  line( [xx1, xx2], [yy1, yy2]);
644  line( [0, 20], [0, 20],'Color','r','LineStyle','- .');
645  line( [0, 20], [20, 0],'Color','r','LineStyle','- .');
646  text(1, 11, txt1);
647  text(9, 19, txt2);
648  text(17, 11, txt3);
649  text(9, 2, txt4);
650  text(1, 9, txt11);
651  text(9, 17, txt22);
652  text(17, 9, txt33);
653  text(9, 1, txt44);
654  hold off;
```

3. 基于动态 PIR 正方形网眼探测网域的目标定位仿真软件源代码注释

1 ~ 14 行：参数初置

15 ~ 323 行：上半帧扫描

    15 ~ 36 行：目标运动与探测过程仿真

    37 ~ 62 行：探测发现点搜索

    63 ~ 242 行：探测编码生成

    243 ~ 307 行：交叉定位计算

    308 ~ 323 行：定位信息输出表示

324 ~ 654 行：下半帧扫描

    324 ~ 345 行：目标运动与探测过程仿真

    346 ~ 380 行：探测发现点搜索

    381 ~ 553 行：探测编码生成

    554 ~ 634 行：交叉定位计算

    635 ~ 654 行：定位信息输出表示

参 考 文 献

[1] 陈继述, 胡荣, 徐平茂. 红外探测器 [M]. 北京: 国防工业出版社, 1986.

[2] 梁光清. 基于被动式红外探测器的人体识别技术研究 [D]. 重庆: 重庆大学, 2009.

[3] 陈阳海. 我国的安防产业与家庭安防系统 [J]. 电子制作, 2008, 2: 6-9.

[4] 吴英才, 林华清. 热释电红外传感器在防盗系统中的应用 [J]. 传感器技术, 2002, 21 (7): 47-48.

[5] LIU S T, LONG D. Pyroelectric detector and materials [C]. Proceedings of the IEEE, 1978, 66 (1): 14-26.

[6] HOSSAIN A, RASHID M H. Pyroelectric detectors and meir applications [J]. IEEE Transaction on Industry Applications, 1991, 27 (5): 824-829.

[7] SAMOILOV V B, YOON Y S. Frequency response of multilayer pyroelectric sensors [J]. IEEE Transaction on Ultrasonics, Ferroelectrics, and Frequency Control, 1998, 45 (5): 1246-1254.

[8] KANG S J, SAMOILOV V B, YOON Y S. Low-frequency response of pyroelectric sensors [J]. IEEE Transaction on Ultrasonics, Ferroelectrics, and Frequency Control, 1998, 45 (5): 1255-1260.

[9] GOMEZ E S, GONZALEZ-BALLESTEROS R, CASTILLO-RIVAS V. Pyroelectric properities of $Pb_{0.88}Ln_{0.08}Ti_{0.98}Mn_{0.02}O_3$ (Ln = La, Sm, Eu) ferroelectric ceramic system [J]. Materials Characterization, 2003, 50: 349-352.

[10] YOSHIIKE N, ARITA G J, MORINAKA K, et al. Human information sensor [J]. Sensors and Actuators A, 1995, 48: 73-78.

[11] HASHIMOTO K, YOSHINOMOTO M, MATSUEDA S, et al. Development of people-counting system with human-information sensor using multi-element pyroelectric infrared array detector [J]. Sensors and Actuators A, 1997, 58 (2): 165-171.

[12] MORINAKA K, et al. Human information sensor [J]. Sensors and Actuators A, 1998, 66 (1-3): 1-8.

[13] HA K N, LEE K C, LEE S. Development of PIR sensor based indoor location detection system for smart home [C]. Proceeding for SICE-ICASE International Joint Conference, 2006: 2162-2167.

[14] RAM S, SHARF J. The people sensor a mobility aid for the visually impaired [C]. Proceeding for Second International Symposium on Wearable Computers, 1998: 166-167.

[15] KAUSHIK A R, CELLER B G. Characterization of passive infrared sensors for monitoring occupancy pattern and functional health status of elderly people living alone at home [C]. Proceeding for the 28th IEEE EMBS Annual International Conference, New York City, USA, 2006, 8: 5257-5260.

[16] KATEK M, SOSNOWSKI T, PIATKOWSKI T. Passive infrared detector used for detection of

very slowly moving or crawling people〔J〕. Optoelectronics Review，2008，16（3）：77-84.

〔17〕 SOSNOWSKI T，MADURA H，KASTEK M，et al. Method of objects detection employing passive IR detectors for security systems〔C〕. Proceeding for Electro-Optical and Infrared Systems：Technology and Applications V，2008，11：1-10.

〔18〕 NITHYA V S，et al. Model based target tracking in a wireless network of passive infrared sensor nodes〔C〕. Proceeding for Signal Processing and Communications 2010 Internatinal Conference，2010：1-5.

〔19〕 FANG J S，et al. Path-dependent human identification using a Pyroelectric infrared sensor and Fresnel lens arrays〔J〕. Optics Express，2006，14（2）：609-624.

〔20〕 FANG J S，HAO Q，et al. Real-time human identification using a pyroelectric infrared detector array and hidden Markov models〔J〕. Optics Express，2006，14（15）：6643-6658.

〔21〕 FANG J S，et al. Pyroelectric infrared biometric system for real-time walker recognition by use of Maximum Likelihood Principal Components Estimation（MLPCE）method〔J〕. Optics Express，2007，15（6）：3271-3284.

〔22〕 HAO Q，HU F，YANG X. Multiple human tracking and identification with wireless distributed pyroelectric sensors systems〔J〕. IEEE Systems Journal，2009，4（3）：428-439.

〔23〕 JIN X，SARKAR S，RAY A，et al. Target detection and classifiacition using seismic and PIR sensors〔J〕. IEEE Sensors Journal，2012，12（6）：1709-1718.

〔24〕 程卫东，董永贵. 利用热释电红外传感器探测人体运动特征〔J〕. 仪器仪表学报，2008，29（5）：1020-1023.

〔25〕 肖佳，杨波. 基于热释电传感技术的目标定位研究〔J〕. 红外，2011，32（12）：17-22.

〔26〕 杨靖，董永贵，王东生. 利用热释电红外信号进行人体动作形态识别〔J〕. 仪表技术与传感器，2009，31（5）：368-369.

〔27〕 申柏华，罗晓牧，王国利. 运动检测与定位的热释电红外传感新方法〔J〕. 光电子激光，2010，21（9）：1350-1354.

〔28〕 黄鑫. 热释电红外无线传感器网络人体定位系统设计与实现〔D〕. 广州：中山大学，2009.

〔29〕 冯国栋，刘敏，王国利. 实现机器人随动的红外感知方法〔J〕. 机器人，2012，34（1）：104-109.

〔30〕 文科. 基于 PIR 探测器的人与非人识别方法研究〔D〕. 重庆：重庆大学，2013.

〔31〕 王林泓，龚卫国，贺丽芳，等. 热释电红外信号人体运动特征识别〔J〕. 光电子激光，2009，21（3）：440-443.

〔32〕 王林泓，龚卫国，刘晓营，等. 基于小波熵的低误报率人体热释电红外信号识别〔J〕. 仪器仪表学报，2009，30（12）：2485-2489.

〔33〕 贺丽芳. 人体与非人体 PIR 信号的 AR 识别模型研究〔D〕. 重庆：重庆大学，2011.

〔34〕 龚卫国，梁光清，王林泓，等. 一种新型 PIR 人体探测技术研究〔J〕. 测控技术，2009，28（6）：19-21，27.

〔35〕 王林泓. 热释电红外信号特征分析及人体识别方法研究〔D〕. 重庆：重庆大学，2010.

〔36〕 梁光清. 基于被动式红外探测器的人体识别技术研究〔D〕. 重庆：重庆大学，2009.

[37] 万柏坤，冯莉，明东，等．基于热释电红外信息的人体运动特征提取与识别 [J]．纳米技术与精密工程，2012，10（3）：249-256．

[38] 冯莉等．热释电红外传感器在生物特征识别领域中的研究进展 [J]．现代仪器，2011，17（3）：10-14．

[39] 赵鹏飞．基于热释电红外信息的人体身份识别研究 [D]．天津：天津大学，2009．

[40] 冯莉．基于热释电红外信息的人体运作识别研究 [D]．天津：天津大学，2011．

[41] 刘永敬．用于人体目标感知与定位的被动式双红外探测系统研究 [D]．天津：天津大学，2014．

[42] 李博雅，李方敏，刘新华，等．基于 PIR_Sensor 的单目标跟踪系统的设计与实现 [J]．传感技术学报，2014，27（9）：1214-1220．

[43] 吴鹏．基于无线热释电传感器网络的人体目标跟踪系统的研究 [D]．武汉：武汉理工大学，2012．

[44] 陈龙．基于无线热释电红外传感器人体目标识别的研究 [D]．武汉：武汉理工大学，2013．

[45] 姜娜．基于热释电红外传感器的人体识别技术研究 [D]．武汉：武汉理工大学，2014．

[46] 李等．基于热释电红外传感器的人体定位系统研究 [D]．武汉：武汉理工大学，2015．

[47] 熊迹．基于热释电红外传感器的人体跟踪与识别新方法的研究 [D]．武汉：武汉理工大学，2015．

[48] 徐薇，杨卫．一种红外传感器阵列探测方法的研究 [J]．传感器与微系统，2009，28（9）：16-18．

[49] 张晔，杨卫，岳元，等．基于热释电红外传感器探测距离影响因素的研究 [J]．红外与毫米波学报，2010，29（6）：448-451．

[50] 孙乔，杨卫，于海洋，等．基于动态下使用红外热释电传感器的新型目标探测方法的研究 [J]．计算机测量与控制．2011.19，（11）：2649-2651．

[51] 孙乔，杨卫，于海洋，等．动态下红外热释电传感器的目标定位方法 [J]．红外与激光工程．2012，41（9）：2288-2292．

[52] 孙乔，杨卫，张文栋，等．动态热释电传感器网络目标跟踪技术研究 [J]．光电子激光．2013，24（12）：2399-2403．

[53] 杨卫，李波，孙乔，等．基于热释电红外传感技术测距的时间差法研究 [J]．传感器与微系统．2013，32（4）：37-40．

[54] 赵迪，杨卫，刘前进．PIR 的多节点目标多次定位研究 [J]．红外与激光工程．2014，43（4）：1284-1288．

[55] 刘前进，杨卫，赵迪．多 PIR 动态扫描下的区域目标定位方法 [J]．科学技术与工程．2014，23（8）：205-208．

[56] 王泽兵，杨卫，秦丽．基于粒子群算法的动态热释电目标跟踪 [J]．光学学报．2014，34，（10）：1-7．

[57] 赵迪，杨卫，刘前进．基于热释电传感器的时间差测距改进算法 [J]．传感器与微系统．2014，33（5）：154-156．

[58] 刘前进，杨卫，刘云武．基于热释电红外传感器的多节点定位系统研究与设计 [J]．计

算机测量与控制 . 2014, 22（9）：2947-2948, 2956.

[59] 赵迪, 杨卫, 刘前进 . 一种小型动静态双坐标感知系统结构设计 [J]. 传感器与微系统 . 2014, 33（6）：97-99, 103.

[60] 杨卫, 赵迪, 刘前进 . 针对运动目标感知的动静态双坐标探测系统 [J]. 红外与激光工程 . 2014, 43（1）：279-283.

[61] 侯爽, 杨卫, 刘前进 . 一种动静 PIR 相结合的目标定位方法 [J]. 光电子激光 . 2015, 26（2）：315-319.

[62] 侯爽, 杨卫, 刘前进 . 一种基于 PIR 的对瞄测距定位方法研究 [J]. 激光与红外 . 2015, 45（5）：555-558.

[63] 卢云, 杨卫, 赵俊江, 等 . PIR 单节点阵列目标轨迹预测和定位技术 [J]. 红外与激光工程 . 2016, 45（10）：1-6.

[64] 王淑平, 杨卫, 侯爽 . 基于 PIR 的三角交叉定位技术研究 [J]. 电子器件 . 2016, 39（4）：825-828.

[65] 王泽兵, 崔宝珍, 秦丽, 等 . 基于热释电感知的分布式粒子群优化目标跟踪 [J]. 激光与光电子学进展 . 2017,（54）：1-7.

[66] 刘希宾, 杨卫, 陈晓乐, 等 . 米字型 PIR 构建正方形模型的目标轨迹预推技术 [J]. 红外与激光工程 . 2019, 48（1）：48-51.

[67] 曹志斌, 杨卫, 邵星灵, 等 . 基于众数判定的 PIR 传感器网络目标定位方法 [J]. 中国测试 . 2018, 44（7）：110-115.

[68] 孙乔 . 热释电传感器网络双动态目标定位技术研究 [D]. 太原：中北大学, 2011.

[69] 于海洋 . 基于动态下红外热释电传感器阵列的定位算法研究 [D]. 太原：中北大学, 2012.

[70] 李波 . 基于热释电红外传感技术的目标定位研究 [D]. 太原：中北大学, 2013.

[71] 刘云武 . 基于红外热释电传感器网络的动态定位技术研究 [D]. 太原：中北大学, 2014.

[72] 黄伟 . 机器人群体网域化协同控制技术研究 [D]. 太原：中北大学, 2014.

[73] 刘前进 . 网域化最小感知单元技术研究 [D]. 太原：中北大学, 2015.

[74] 孙乔 . 网域测量系统的红外目标识别与跟踪技术研究 [D]. 太原：中北大学, 2015.

[75] 侯爽 . 网域化最小感知单元目标轨迹测量技术研究 [D]. 太原：中北大学, 2016.

[76] 王泽兵 . 基于生物行为启发的群机器人聚集行为与目标跟踪 [D]. 太原：中北大学, 2016.

[77] 卢云 . 基于 PIR 阵列的网域感知技术研究 [D]. 太原：中北大学, 2017.

[78] 杜文略 . 基于热释电红外探测器的人体方位及动作形态检测系统设计 [D]. 太原：中北大学, 2016.

[79] 杨卫, 张文栋, 赵迪, 等 . 一种可随意抛撒的重力基准保持装置：201410104710.9 [P]. 2016-04-20.

[80] 张文栋, 刘俊, 杨卫, 等 . 地面网络化感知和攻击系统：201010048927.4 [P]. 2015-04-01.

[81] 杨卫, 刘俊, 张文栋, 等 . 基于动态下使用热释电红外传感器的目标探测系统：

201120050293.6［P］. 2011-12-14.

［82］杨卫，张文栋，秦丽，等. 基于动态双元热释电传感器网络的运动目标定位方法：201210582431.4［P］. 2015-12-02.

［83］杨卫，张文栋，金晓会，等. 栅格化极坐标系目标定位方法：201410556691.3［P］. 2016-07-06.

［84］杨卫，张文栋，熊继军，等. 基于光电智能感知平台目标跟踪识别的测距装置及方法：201410009893.6［P］. 2016-01-13.

［85］闫军，庄乾章. 热释电红外传感器的类别特性及应用［J］. 长春大学学报. 2004, 14 (6)：22-24.

［86］胡伟生，方佩敏. 热释电红外探测元器件（三）菲涅耳透镜与外壳［J］. 电子世界，2004，(10)：47-48.

［87］李小伟. 高可靠性红外探测器的研制［D］. 广州：广东工业大学，2010.

图 2-32　6 ×8 动态感知系统的探测区覆盖

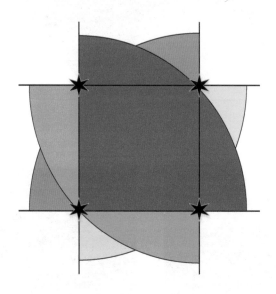

图 2-46　动态 PIR 探测的方形网眼探测区域

图 2-48　三角形网眼的探测区域

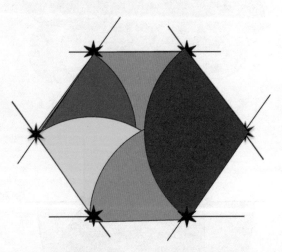

图 2-49　动态 PIR 探测的六边形网眼探测区域

图 6-1　静态 PIR 感知实验场地

图 6-5　距 50m 的黑色桑塔纳 2000 行驶

图 6-7 距 50m 的绿色工具车行驶

图 6-9 距 50m 的白色轿车行驶

图 6-11 距 125m 的黄色小轿车行驶

图 6-13 距 125m 公交车和白色面包车的行驶

（a） （b） （c）

图 6-18 气流波动影响室内实验场景图

（a） （b）

图 6-20 太阳辐射影响 PIR 探测实验场景图

（a）白天实验；（b）夜晚实验。

图 6-21 磁对 PIR 传感器影响实验场景图

图 6-26 图书馆一层东偏厅实验场景

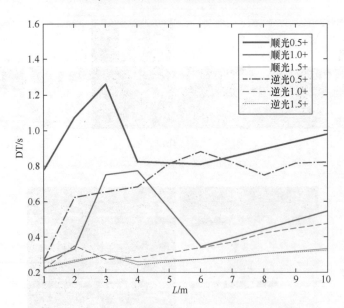

图 6-47 距离-峰峰值时间差（3 速、顺光/逆光）

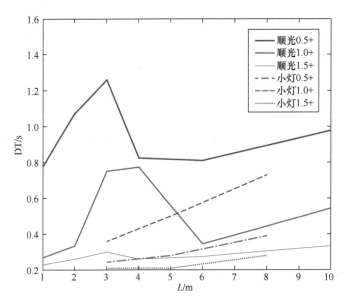

图 6-48　距离–峰峰值时间差（3 速、小灯/顺光）

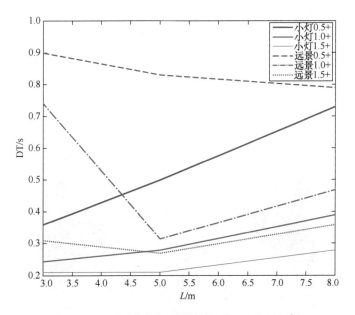

图 6-49　距离–峰峰值时间差（3 速、小灯/远景）

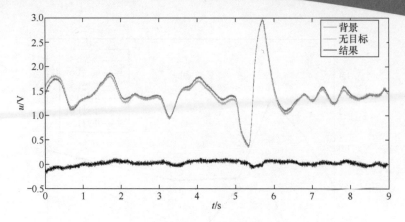

图 6-52 无目标时的帧差结果

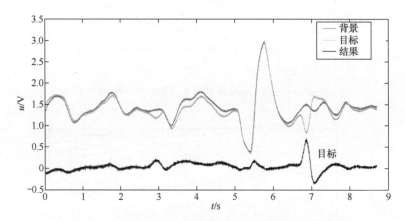

图 6-53 有目标时的帧差结果

图 6-55 动态 PIR 扫描与目标运动的相对速度影响实验场景

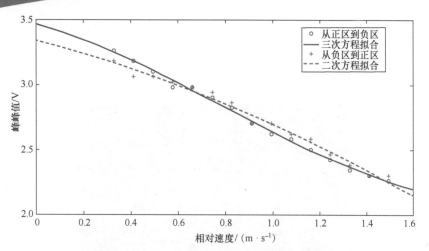

图 6-56　动态 PIR 扫描与目标的相对速度与峰峰值响应

图 7-35　PIR 探测感知基站布局的实验现场场景

图 7-39　正四边形网眼 PIR 探测网域探测实验现场

图 7-43　三角形网眼网域探测现场实验场景

图 7-47　方程联立法的网域探测实验场景